WORKS BOOK 2017-2021
상하파머스빌리지

김영옥 작업집 2017–2021
Sangha Farmer's Village

7		상하농원 프로젝트 Sangha Farm
	53	파머스빌리지 숙소 Farmer's Village
	121	파머스빌리지 목욕장 Bath House
	179	상하농원 수영장 Swimming Pool
	237	드로잉 Drawings

상하농원 프로젝트 Sangha Farm Project

상하농원은 매일유업과 전라북도 고창군의 협업으로 고창군 상하면에 실현된 친환경 시범농원이다. 농원은 현대미술가 김범에 의해 전형적 농가의 모습, 이상적 고향의 이미지를 작가의 상상과 구축을 통해 완성된 결과이다. 약 삼만평 대지에 농장, 축사, 공방, 상회, 식당 및 체험시설 등으로 구성되었고 2009년 기획에 착수하여 2016년 열다섯개동의 건물과 주변 지물을 완공하면서 개관하였다.

상하파머스빌리지는 농원과 강선달 저수지가 내려다보이는 언덕 부지에 자연 속에 휴식하고머무는 세 개의 건축으로 연결하여 계획하였다. 목초지 위 언덕에 숙소 Farmer's village를 두고 그 북동쪽 아래로 숲 속의 목욕장 Bath house을 배치하였고, 북서쪽 낮은 언덕부지에 수영장 Swimming pool을 계획하였다. 2016년 설계를 시작하여 2018년 숙소인 파머스빌리지가 지어지고 2020년말 수영장과 목욕장이 지어지면서 상하파머스빌리지가 완공되었다.

상하농원은 건축을 하면서 중요하게 두었던 가치를 돌아보고 고민해보는 의미있는 프로젝트가 되었다. 기능의 충실함이나 형태의 표현의지보다 중요한 것은 모든 것의 유기적 관계성이라는 생각을 더 본질적으로 하게 되었다.

세상의 모든 존재는 연결 되어있다. 자연은 그것이 어떻게 만들어 졌는지에 대한 기록을 스스로 담고 있다. 건축은 그 반대의 행위로 시작한다. 자연과 건축의 경계는 벽이 아니라 다층적이고 복잡한 막과 같아야 한다. 그 관계는 장소에 질서를 만드는 것이며 공간을 풍부하게 하며 정신에도 유익하다. 사진으로 기록되지 않는 장소가 가지는 본질적인 힘도 그 질서에 따른다고 생각한다.

Location: Sangha-myeon, Gochang-gun, Jeollabuk-do, Korea
Program: Farm, Hotel, Bath house, Swimming pool
Area: Farm Site area 106,775㎡, Farmer's village Site area 24,842㎡
Year: 2016–2020
Client: Sangha Farm CO.
Photography: Rohspace

The Shaker Village
Church Family. "Plan of the first (Church) Family, Harvard", delineated by George Kimball, July, 1836. In Fruitlands Museum, Harvard.

로담 사무실에서의 대담
2021년 8월12일, 9월16일

김종진 (이하 JK) 올 때마다 사무실 풍경이 미묘하게 다릅니다. 사무실에서 바라보는 바깥 풍경도, 사무실 안의 풍경도 그렇구요.

김영옥 (이하 YK) 자곡동 사무실이 벌써 12년이 되었어요. 강남구에 있지만 자연녹지 지역이어서 변화가 많지 않아요. 주변에 집들은 낮고, 뒷산이 있어 나무와 새들이 많아요. 입구에 줄사철이 벽을 덮고 나무처럼 자랐어요. 마당이 달라졌지요. 그동안 돌보지 않던 정원에 모과나무와 자두나무를 심고 들꽃도 있어요. 식물에 대한 관심은 있었지만 일년전 부터 땅과 식물을 직접 돌보면서 계절과 날씨를 과분하게 즐기고 있습니다.

상하 농원, arcology

JK 이번에 상하농원 프로젝트를 재미있게 보았습니다. 이 프로젝트는 여러 가지 면에 있어 교수님께 의미가 클 것 같습니다.

YK 상하농원 프로젝트는 그동안 건축을 하면서 중요하게 두었던 가치를 다시 돌아 볼 수 있는 시간이었고, 앞으로 저의 일과 삶을 생각해 볼 수 있었던 중요하고 고마운 작업이라고 생각합니다. 사무실개소 후 다양한 프로젝트를 하면서 정해진 작업방식이나 일관된 지향점을 가지지 못했던거 같아요. 2000년부터 2016년까지 작업을 정리한 첫번째 작업집을 만들면서 건축을 하면서 앞으로 일과 내삶의 관계에 대해 생각해 볼 수 있었습니다. 상하파머스빌리지는 그즈음 시작하여 5년여 진행했던 작업이고 대지가 가지는 환경과 용도가 특별한 프로젝트였죠. 부족하고 아쉬운 부분은 많지만 자연과 건축, 건축의 안과밖, 그사이 유연한 경계, 처럼 중요하게 생각하던 가치를 구현한 작업이라고 할 수 있습니다.

Village

Swimming Pool

상하공장

Site plan, Site map

JK   프로젝트를 시작하게 된 계기와 배경을 자세히 듣고 싶습니다.

YK   상하농원은 매일유업과 고창군의 협업으로 실현된 친환경 유기농 시범농원입니다. 농어촌체험, 휴양마을사업의 일환으로 2009년부터 기획하여 2016년에 완공이 되었어요. 특별한 점은 농원의 건축물, 지물 등 전반적인 계획과 실현을 현대미술가 김범작가가 기획하고 만든 부분이었어요. 김범선생님과 이전에 만난적은 없지만 아트선재에서 그의 전시를 인상 깊게 보았었고 변실술, 고향 등 책작업을 가지고 있어요. 이후에 그와의 만남과 대화는 이번 프로젝트가 저에게 주는 또다른 의미라고 할 수 있습니다. 2016년 상하 파머스빌리지 호텔설계를 위해 농원에 처음 방문했을 때 첫인상은 조금 의외였어요. 건축가가 설계한 장소는 아닌, 어떤 양식을 재현한 테마 마을과도 다른, 이국적이면서도 한국적인, 말로 설명하기 어려운 특별한 분위기가 있었어요. 도면으로 정확히 설계되고 실현된 모습이 아니라 현장에서 반응하며 천천히 만들어 진 장소가 갖는 특성 같은 것이죠. 농원은 삼만여평 대지에 조성되었고 강선달저수지라는 이름의 큰 저수지와 인접하여 있습니다. 농원의 목초지 위에 숙소인 파머스빌리지 공사가 시작되고 있었고, 이후 파머스빌리지 호텔과 목욕장 설계를 진행 했습니다. 2018년에 파머스빌리지 호텔이 완공되었습니다. 목욕장을 설계하는 중에 수영장에 대한 기획이 세워지면서 수영장과 목욕장에 대한 설계를 동시에 진행하게 되었어요. 파머스빌리지 세개의 건축이 완공된 작년 2020년 까지 5년동안 진행한 프로젝트였습니다.

JK   직접 답사해보니 흥미로운 이름을 가진 건물들도 있더군요. 목장 처녀, 할아버지, 할머니라는 이름을 붙인 것이

색달랐어요. 약간 테마공원 같은 느낌이
들기도 했지만 가족과 아이들 방문객이
많은 환경에서 한편 필요하다고도
느꼈습니다.

YK   상하농원은 총괄계획을 맡은
김범작가에 의해 마을이 가지는 유기적
특성을 모델로 우리의 기억속에 있는
고향마을에 대한 연상을 주제로 기획한
작업입니다. 상하농원을 하나의 마을로
볼 때 각각의 건물을 그 마을을 이루는
사람들로 설정하고 상징적 인격성을
부여 하였습니다. 의인화 된 건물의
역할과 주제에 맞는 건축재료와 기준을
두고 하나의 마을로 구현한 것이죠.
동물농장은 목장처녀, 발효공방은
이웃집 할머니, 과일공방은 동네청년...
이렇게 15개의 건물에 성격과 이미지를
설정했어요. 호텔은 마을 사람들이
지은 커다란 헛간과 온실을 농부의
숙소로 개조 한다는 내러티브를 가지고
있었습니다. 한장의 스케치가 있었어요.

JK 의인화 스토리는 제가 방문했을 때는 건물을 특정한 인물로 구체화해서 인식하지는 못했습니다. 저는 항상 첫 방문 때는 너무 많은 사전 지식을 알고 보는 것보다 그냥 먼저 장소를 둘러보는 것을 좋아하거든요. 장소와 저의 첫 만남은 어떤 느낌일까를 사전 준비 없이 솔직한 상태로 살피는 것이죠. 저녁에 산책할 때는 농원 전체를 크게 돌았습니다. 석양이 넘어가고 밤하늘이 내려앉을 때 불 켜진 농원의 모습을 보면서 옛날 시골집에 불이 켜진 장면이 기억났습니다. 어둠 속에 노란불 켜진 모습이 가스통 바슐라르가 쓴 ‹공간의 시학›에 나오는 들판의 불켜진 집 같지요. 그것이 하나의 공간의 정서를 만들며 희망과 기대를 이끌고 그곳으로 가고자 하는 욕망을 불러일으키죠. 정서적인 목적지가 생기는 거죠.

YK 교수님은 우리들 각자의 마음속에 있는 고향 같은 느낌 하면 어떤 이미지가 떠오르세요?

JK 고향의 이미지라... 살았던 실제 고향의 모습일 수도 있지만, 마음속에 존재하는 고향의 이미지 같은 것이 있지요. 같은 시대와 문화를 살아가는 사람들이 공유하는 보편적인 정서와 이미지 같은 것이죠.

YK 어떤 장소를 경험하는 것은 가서 보는 것이 아닌 머무름이라고 생각해요. 공간은 해질녘과 아침과 하루를 온전히 지내야 조금 인지할 수 있겠지요. 좋아하는 장소라면 몇번의 다른 계절을 겪어 보면서 그 장소와의 기억으로 어떤 관계가 만들어 지겠지요. 그런 의미에서 상하농원에서 머물 수 있는 장소인 호텔은 아주 중요한 공간이라고 할 수 있어요. 설계를 시작하면서는 쉐이커 건축Shaker architecture과 그들의 마을, 생활, 가구에 대한 공부를 많이 했어요. 초기 설계 스케치 속에 검소하나 품위 있는, 거칠지만 세심한, 소박하고 근사한, 건강한 노동, 도구들, 책들,

식물들, 기능적 가구, 가변적분위기...
이런 메모가 있었어요. 대부분 첫번째
스케치에 설계의 가장 중요한 방향이
있었던 것 같아요.

JK   도시에서 자라는 아이들, 특히
아파트에서 태어나 계속 거기서 자라난
아이들조차 시골에 가면, 동화책이나
영화 같은 데서 본 이미지의 영향을
받는 부분도 있지만, 어떤 고향이라는
심리적이고 정서적인 이미지를 가지는
것 같아요. 그런 것을 상하농원에서
간접적으로 체험해보는 것도 좋은 추억이
될 것 같아요.

YK   인간 본성에 있는 생명에 대한
사랑 바이오필리아 라는 용어가 있지요.
과학적 자연주의자로 불리는 에드워드
윌슨의 책이기도 하구요. 요즈음 그의
문화와 진화생물학에 대한 책을 흥미있게
보고 있어요. 우리는 아주 많은 현상에
둘러싸여 살고 있지만 현대에는 단지
정보와 체험으로만 그 현상과 소통하고
있다는 생각을 해요. 아이들은 특히
자연과 주변의 현상에 가만히, 마주할 수
있게, 그냥 두는 것이, 필요해요. 정보와
체험과 전시가 아닌 그냥 그대로 보고
느끼고 가까이 하는, 아이들 고유의
놀이이지요. 모험과 인식과 기억, 말로
만들 수 없어 몸에 기억되는 비밀 같은
그런 어린시절이 너무나 중요하다고
생각합니다.

파머스빌리지 숙소 Farmer's Village

파머스빌리지는 농원의 목초지 위 언덕에 위치하고 있는 숙박시설이다. 박공형태의 지붕을 가진 ㅁ자형 3층 건물에 레스토랑으로 계획한 온실이 중첩되어 있는 형태이다. 일층에는 농원상점과 회랑이 있는 로비가 있고 다양한 기능을 수용할 수 있는 레스토랑과 강당이 있다. 이층은 테라스를 가진 20개의 객실과 뒷정원이 있고, 삼층은 식물작업을 하는 중정을 사이에 두고 천창이 있는 20개의 로프트와 단체실 그리고 24개의 베드가 있는 벙커룸이 있다.

상하 농원의 아트디렉터를 맡은 현대미술가 김범은 상하농원을 하나의 마을로 볼 때 각각의 건물은 그 마을을 이루는 상징적 사람 또는 장소로 인격성을 부여하였다. 초기기획에서 파머스빌리지는 마을의 헛간과 온실이라는 상징이었다. 동네사람들이 지은 마을의 커다란 헛간을 농부의 숙소로 개조한다는 이야기를 가지고 있었다.

건물 외부와 내부의 재료는 동일하게 목재와 자연석, 콘크리트와 식물을 주 재료로 사용하였다. 자연적 재료의 사용으로 수공성이 드러나는 현장작업과 우연적인 불규칙함, 시간에 따라 자연스럽게 변화되는 건축을 계획했다. 각각의 공간은 명확이 구분되지 않고 다양한 기능을 수용할 수 있도록 의도하였다.

외부도 내부도 아닌 회랑, 방풍실, 복도, 중정, 테라스 같은 사이 공간을 최대로 계획하여 계절별로 내부의 크기를 조절할 수 있다. 사람과 자연, 자연과 건축의 유기적인 관계 맺기를 위한 장치이다. 자연 속의 어떤 장소에 머무르면서 하루의 모든 시간과 계절에 따라 다른 풍경을 지내는 것은 의미 있는 경험이다. 객실은 거친 재료와 세밀한 설계로 계획했다. 그 장소와 시간과 자연을 겪으면서 인간 본성에 있는 자연과 생명에 대한 본능적인 감각을 경험하기를 기대한다.

Location: Yongjeong-ri, Sangha-myeon, Gochang-gun, Jeollabuk-do, Korea
Program: Hotel
  3F, Guest rooms (23rooms), Courtyard / 2F, Guest rooms (19rooms) / 1F, Lobby, Lounge, Restaurant, Seminar hall
Area: Site area 15,300㎡, Bldg. area 2,713.95㎡, Gross floor area 5,409.25㎡
Building scope: 1F–3F
Building height: 17.10m
Year: 2016–2018
Client: Sangha Farm CO.
Cowork architect: CCA, HAND
Photography: Rohspace

JK 도시의 아이들 이야기가 재미있는 것이 이번에 방문했을 때, 주변을 살펴보니 방문객들이 거의 대부분 도시에서 온 사람들이었어요. 그러니까 시골과 농장에 익숙하지 않은 사람들이죠. 특히 어린이들은. 그런데 제가 돌아다니면서 대화하는 것도 좀 들어보고 같이 이야기도 나누어보고, 아이들 노는 것도 옆에서 지켜보았는데 고향의 정서, 시골의 정서를 확실히 느끼는 것 같아요. 비록 도시에 살고 있지만 마음속의 고향은 조금 다른 곳일 수도 있다, 하는 느낌일까요. 우리가 그런 장소들을 직접 경험하지 않았더라도 칼 융과 같은 여러 철학자들이 말한 원형의 이미지 개념을 들어보면, 사실 우리는 먼 조상부터 유전자에 이미 그런 원형의 이미지들을 쌓아 왔거든요. 자신의 인생에서 한 번도 헛간을 보지 못한 사람들도 그런 공간에서 어떤 감정을 가질 수 있는 것이죠. 밤의 들판에 홀로 빛나는 헛간. 시각적인 이미지에서 뭔가 감정이 생기죠. 우리가 의식하지 못하는 무의식의 원형들. 그런 것들을 건드려주는 것 같아요. 심층의식에 접속한다고도 할 수 있구요.

YK 자연주의자는 식물과 동물은 우리의 옛날 모습이고 앞으로 되어야 할 모습이라고 해요. 그 자연은 우리들 개인의 기억 속에 있는 어린시절이기도 한거 같아요. 어린시절의 기억과 동화는 자연과 환상과 가상이죠. 이 세상은 보이는 것과 보이지 않는 것이 있고 사람의 본성도 드러나는 것과 스스로도 인식하지 못한 채 감추어진 본성이 있다고 생각해요. 낙동강변 구담마을과 어린시절에 대한 기억이 너무나 가득하고 분명해요. 저는 아홉살까지 정규 초등교육을 받지 않고, 시골 마을에서 자랐어요. 서울로 와서 10살에 처음 학교에 다니게 되었지요. 그 기억을 말로 만들어 할 수 있게 된지는 얼마 되지 않았어요. 강과 집에 대한 기억,

마을의 사람들과 이야기, 버드나무와
강물의 소리, 신작로와 기억의 냄새들...
그 순수하고 위대한 시절의 기억과
무의식적인 인식은 지금의 저의 일과
삶에 가장 소중하고 고유한 힘이 된거
같습니다.

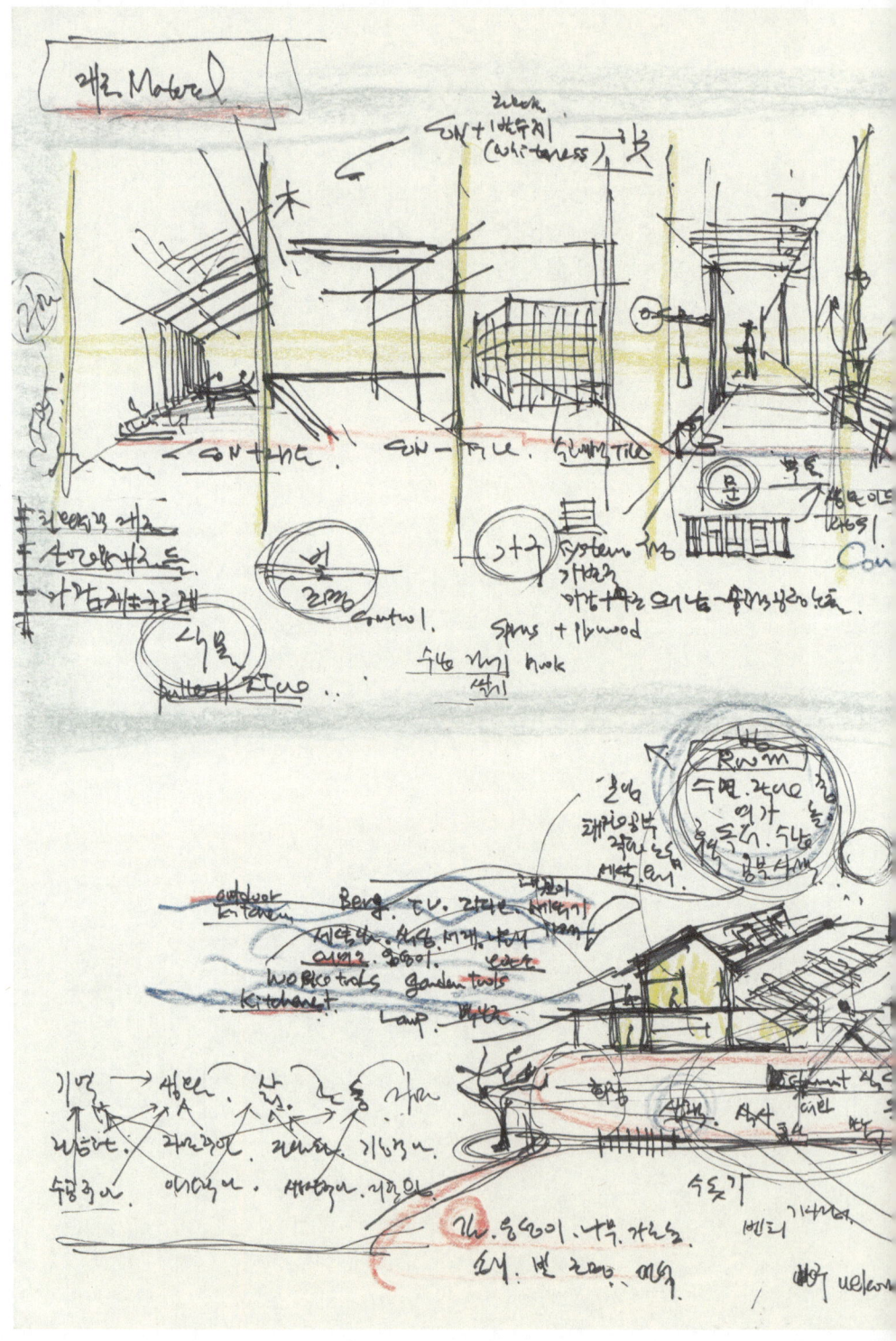

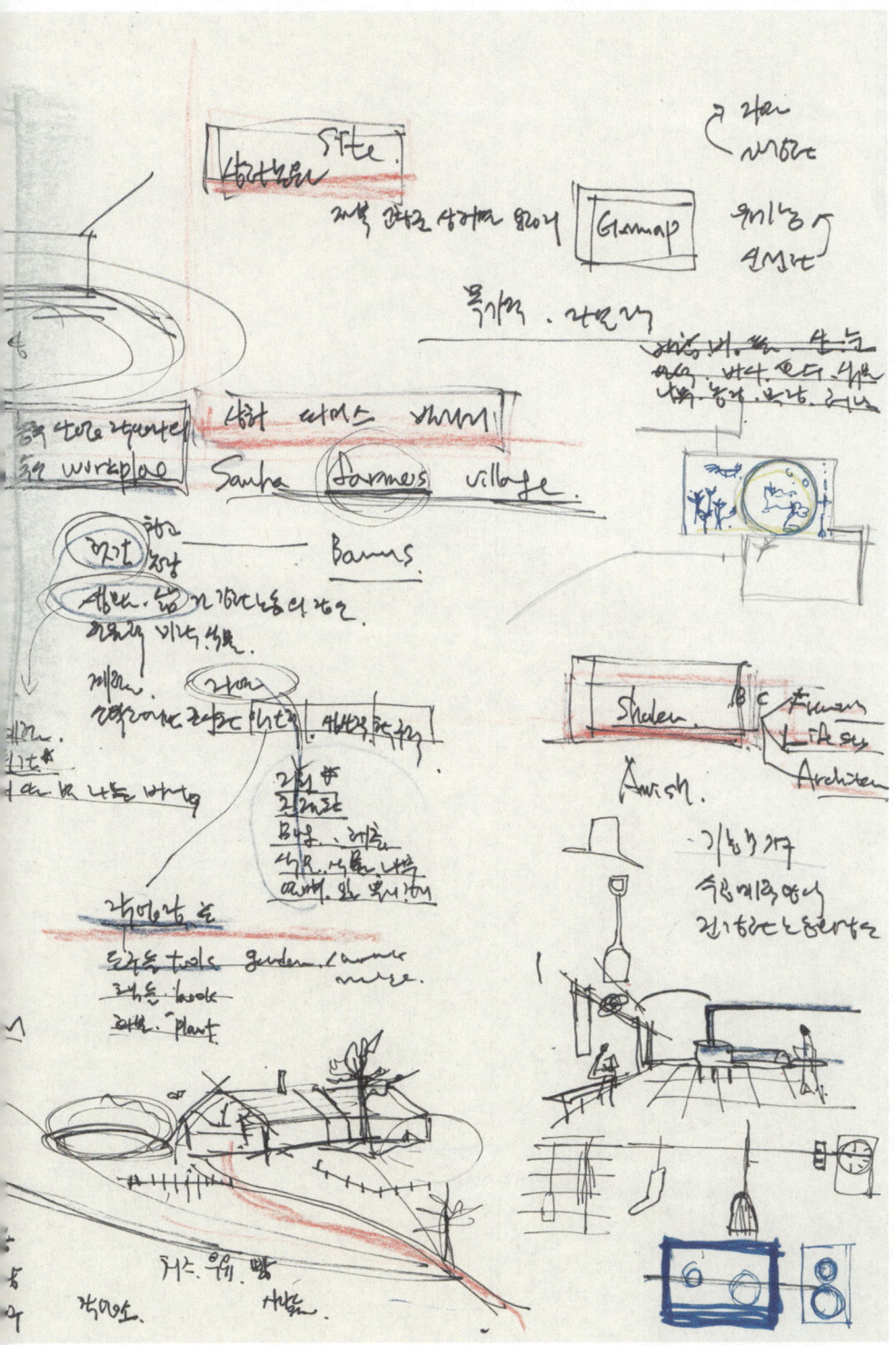

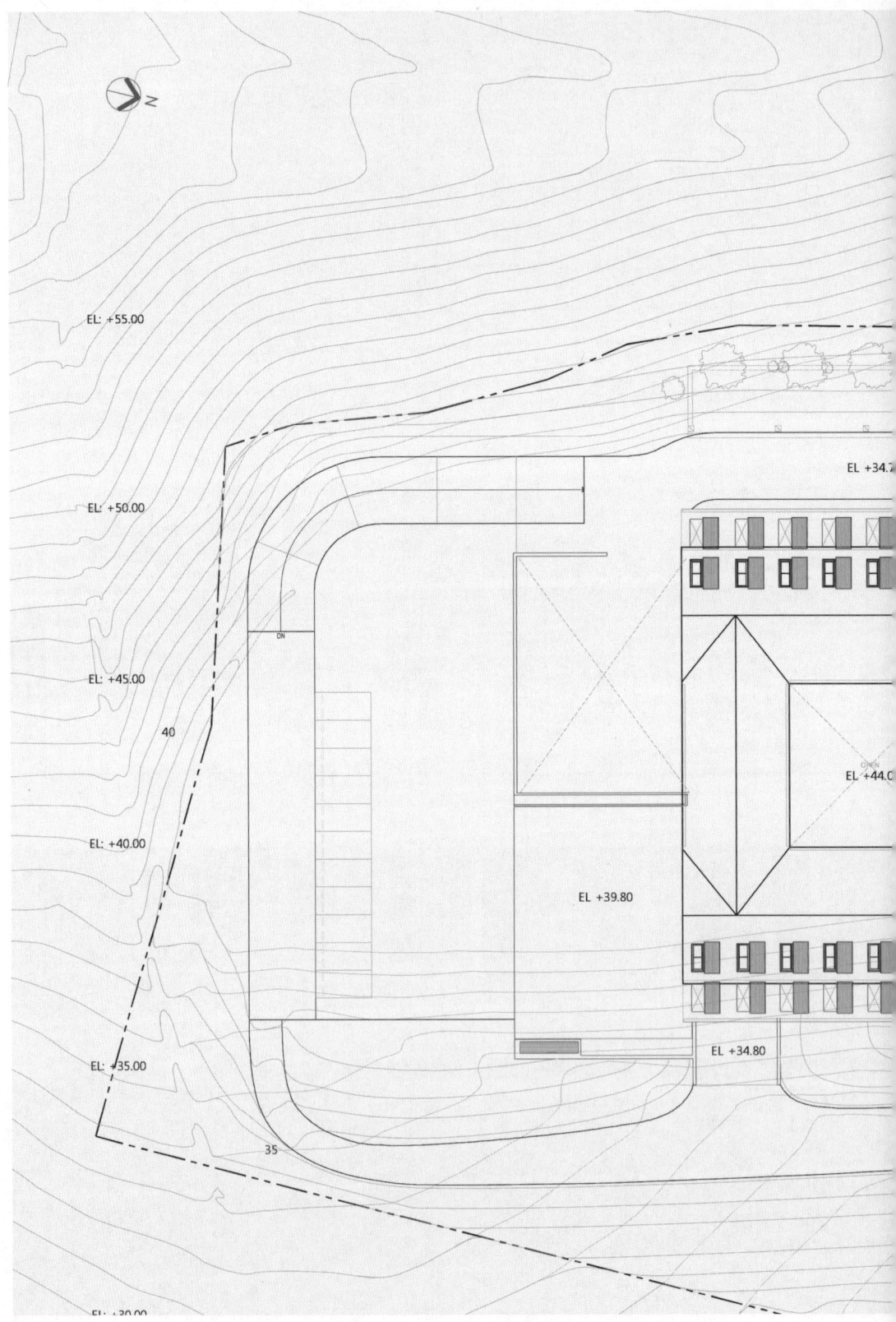

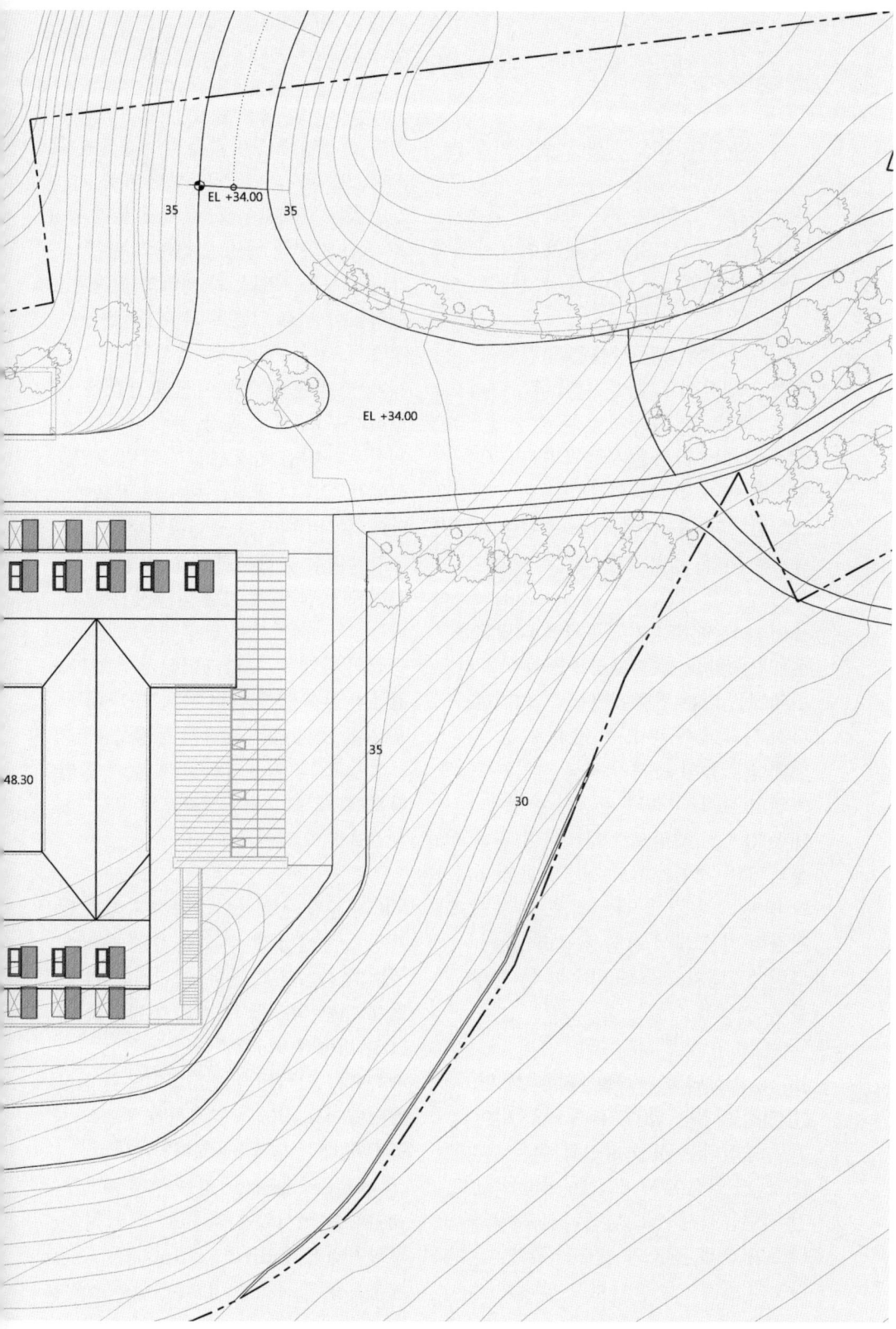

Site plan

유기적, 모든 것은 연결되어 있는

JK 자연 속의 수많은 사물들, 풍경들, 장소들 그리고 그것들과 관계했던 행위와 기억들이 연결되는 것이 상상되네요.

YK 세상의 모든 사물은 연결되어 있다고 생각해요. 사물은 집, 길, 다리, 나무, 의자, 라디오, 하늘 등 일상적 삶과 관계된 가까운 사물과 먼 기억과 연상의 이미지까지 유기적인 모든 현상을 포함합니다. 유기적이라는 용어는 지금은 유기농 야채, 식품처럼 먹거리에 많이 쓰는 용어이지만, 건축에서 유기적이라는 용어는 19세기말 기능주의에 대립되는 생태건축의 특징을 설명하는 용어였지요. 현대에는 다른 관점에서는 그 의미를 다시 생각해 볼 수 있지 않을까요. 형태나 기능의 문제가 아닌 사람과 자연의 관계, 건축과 환경의 관계에 대한 건축적 해석으로 나타나야 된다고 생각해요. 개인적이고 개별적인 삶과 그 땅에 그 환경에 맞는 건축. 환경오염과 관련해 최근 많이 관심을 받고있는 그린아키텍쳐도 그와 비슷한 한 분류라고 볼 수 있겠죠.

JK 소장님과 대화를 나누다 보면 '유기적'이라는 말과 '관계'라는 말이 자주 등장하는 것을 발견합니다. 그리고 '모든 게 연결이 되어 있는'이라는 말도 간혹 언급하시구요. 말씀하신 사람과 장소의 관계, 장소와 장소의 관계, 건축과 장소의 관계들을 들어보고 싶네요. 계속 관계들로 실마리를 풀어갔잖아요. 파머스빌리지의 공간도 보면 계속 끊임없는 관계잖아요. 다이닝 홀과 공용 홀 주변 자연의 풍경과 건축의 관계, 각 공간들과 사람들의 행위와의 관계... 끊임없이 서로 다른 항과 이질적인 것들이 만나고 있어요. 객실에서도 제가 잔 방은 길게 늘어진 공간감이 있더라구요. 안쪽 공간, 프라이빗한 욕실부터 다음으로 침실과 리빙 공간, 끝에는 발코니 공간... 이렇게 공간이 안에서부터 밖으로 뻗어나가더라구요. 그라데이션 공간처럼 느껴졌어요. 점점 어두워지고, 점점 밝아지기도 하는. 그라데이션이 양방향으로 있는 공간의 관계죠. 그라데이션 공간에서는 관계가 부드럽게 흘러 다니고, 다이닝 홀 같은 곳에서는 갑자기 풍경을 확 보여주고. 장소에 따라 관계 맺기 방법이 다르더라고요. 어떤 생각으로 그런 공간을 만드셨어요?

YK 공간의 흐름이라는 명확하지 않은 특징으로 설명 할 수 있을거 같아요. 몇번의 전시를 하면서, 개인적인 기억과 집에 대한 생각을 할 기회가 많았습니다. 2015년에 협력적주거공동체라는 제목으로 기획된 서울시립미술관 전시에 참여했어요. 9명의 건축가가 공유하는 공간에 대한 생각을 ⟨코리빙시나리오⟩ co-living scenarios 라는 주제로 제안하는 전시였는데, 저는 ⟨독립적 몽상가의집⟩ individual dreamer's house 제목으로 전시를 했어요. 개인이 완전히 독립적일때 공유나 공공이라는 유연한 시스템이 가능 하다고 생각했습니다. 그 장치는 개인이 완벽히 조절할 수 있는 내밀한 공간과 다른 요소의 관계... 복도, 마당, 길, 계단, 나와있는 의자, 길가의 거울처럼, 사람과 사람, 사람과 사물이 연결되는 경로로 설정했어요. 그리고 관계의 우연성과 기억의 단서가 많이 발생될 수 있도록 하는 장치를 밀도와 흐름으로 보여주려고 했습니다. 말씀하신 공간적 그라데이션이라는 분위기가 그 전시와 연결이 될 수 있을거 같아요. 경험과 인식은 있으나 형태가 없는 공간이지요. 빛, 그림자, 수증기, 막처럼 비물질성으로 공간을 설명하지는 않으려고 하지만 그런 인식은 중요하다고 생각합니다.

JK   수증기 이야기가 나오니 상하파머스빌리지의 목욕장이 떠오르네요.

YK   목욕장은 언덕이있던 땅에 일부를 평탄 작업을 해놓은 부지였습니다. 원지형을 복구하는 상상을 하면서 진입로에 참나무 숲을 조성하고 그안에 낮으막하게 자리한 목욕장을 계획 했어요. 참나무숲 사이로 좁고 긴 오솔길을 걸어 내려가면 건물의 입구가 보이고, 목욕장 특유의 분위기를 감지할 수 있는 열린 마당을 거쳐 동측, 서측 입구로 들어가게 되죠. 그 굽어진 오솔길로 내려가는 경로가 중요했어요. 그러나 지금 심은 나무가 숲이 되려면 잘 가꾸어도 십년은 기다려야 되겠지요. 참나무로 분류되는 나무의 종류가 참 많더라구요. 상수리나무, 떡갈나무, 굴참나무, 신갈나무, 졸참나무, 겨울에도 녹색인 가시나무까지. 오랫동안 우리 삶과 같이 하면서 만들어진 나무이름의 유래도 흥미로워요. 물론 참나무 숲에는 다람쥐와 새들도 포함되지요. 건물의 높이를 가까운 언덕보다 낮게 설계해서 지붕면만 보이고 풍경에 가려져 사진에 담기 어려운 건물입니다. 호텔에서 보면 지붕위에 두개의 굴뚝이 보이죠. 목욕장은 하얀 수증기와 굴뚝을 연상하게 되지만 지금의 보일러설비는 굴뚝이 필요없습니다. 목욕장에 대한 장소의 연상으로 빛굴뚝을 설계했어요. 내부에 빛을 들이는 굴뚝이죠. 남쪽으로 굴뚝 입구를 두고 서측, 동측을 서로 다른 디자인으로 계획했습니다.

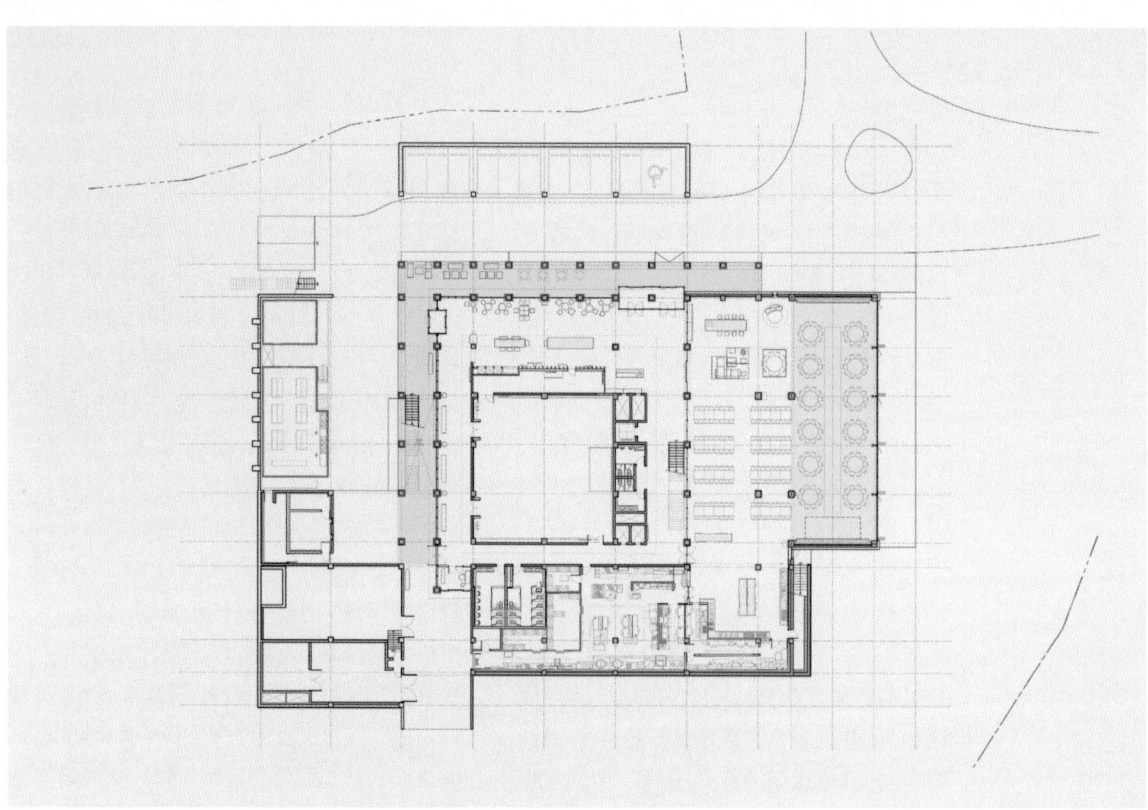

Ground floor plan

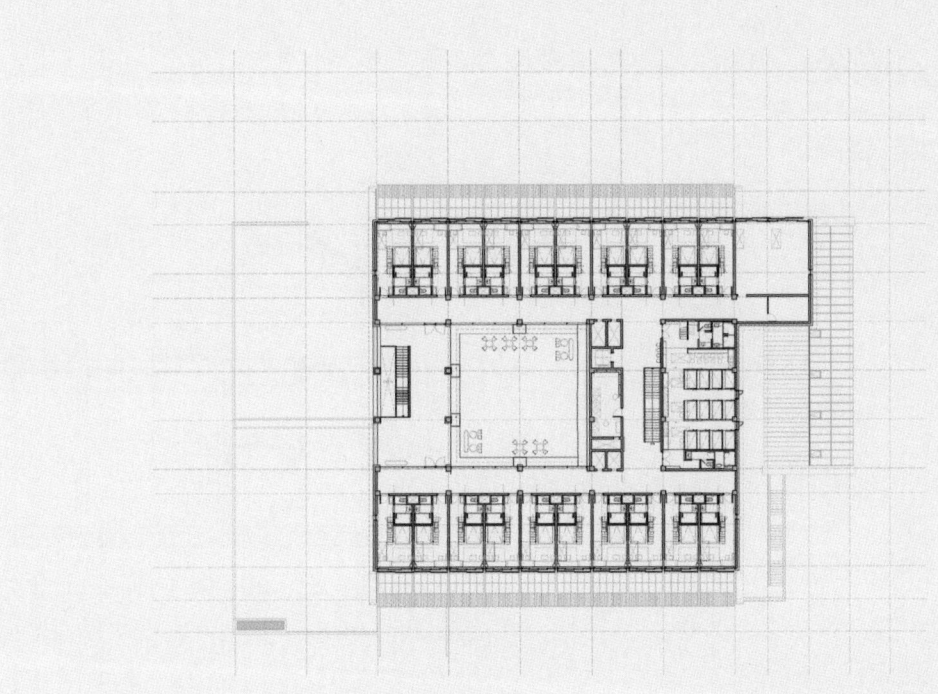
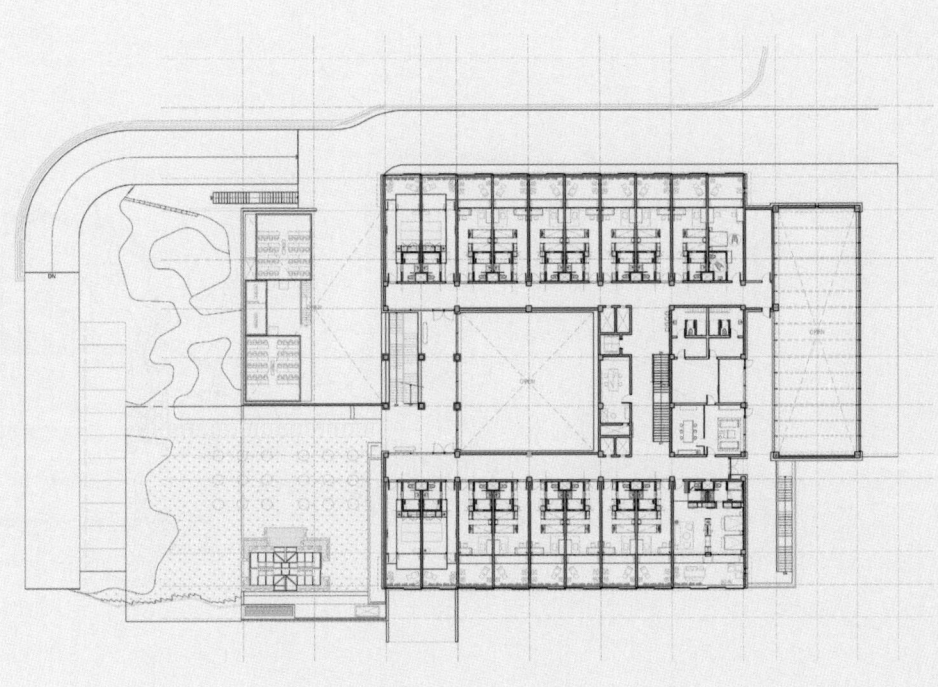

3rd floor plan, 2nd floor plan

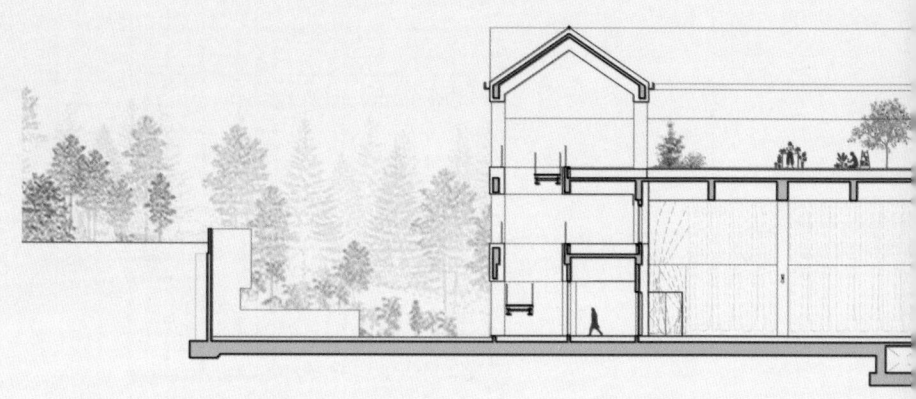

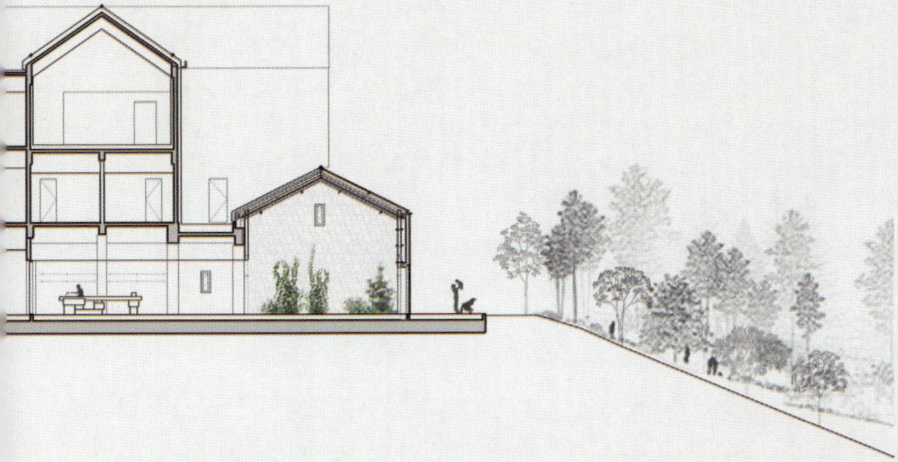

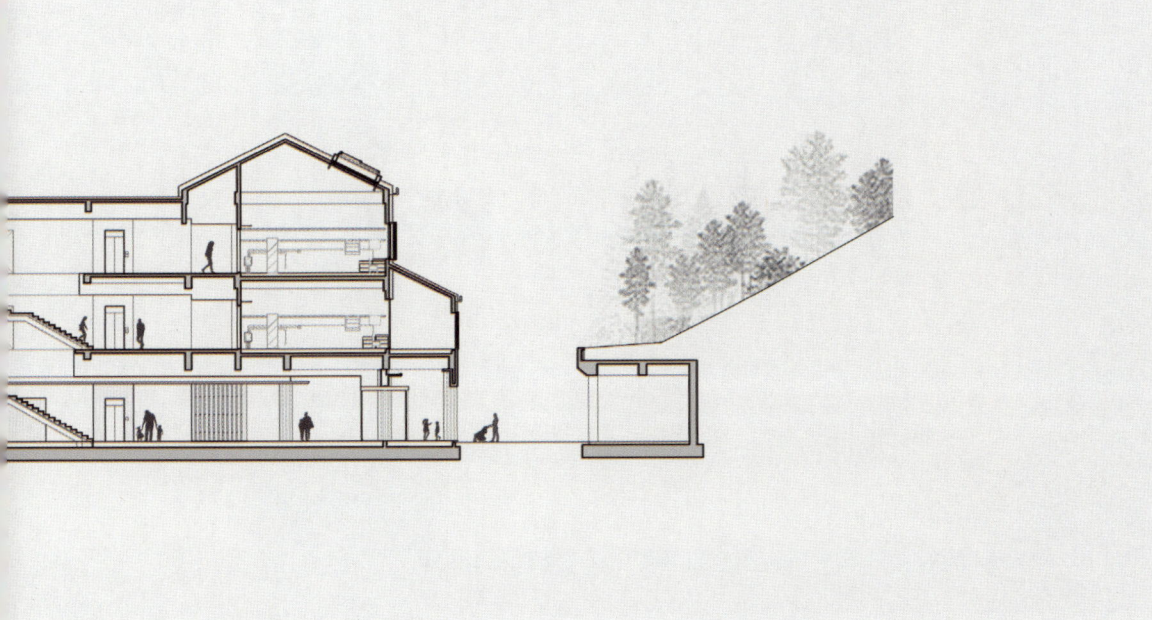

Longitudinal section, Cross section

JK 목욕장에서도 그라데이션 공간의 깊이감을 체험했습니다. 저는 남탕 밖에 못 갔지만 그곳에서 바라보는 노천탕은 숲으로 둘러싸 있잖아요. 여탕은 또 다른 풍경이 보일 것 같긴 한데 그런 공간적인 그라데이션과 감싸 안기. 그게 장소와 기능마다 다르게 설정을 하셨다는 사실을 알게 되었어요. 제가 그렇게 틀리게 본 것은 아니죠? 객실에 있으면서 재미있게 본 것은, 물론 다른 방은 못 가봤지만, 제가 있었던 객실에는 침대가 두 개가 있었어요. 그런데 침대가 풍경을 향해서 평형하게 놓여 있지 않고, 풍경하고 90도로 틀어져 있더라고요. 저는 그 부분이 조금 아쉬웠어요. 침대에 누워 베개를 베고 풍경을 편안하게 바라보고 싶었는데 그게 안되더라구요. 그것은 일부러 그렇게 하신 건가요?

YK 일반적으로 호텔객실 배치에서는 침대와 티브이의 위치가 전체의 배치를 결정하게 되죠. 그러나 이곳에서는 건축 구조로 정해진 객실 안에 목구조를 가구로 만들어 필요한 기능을 배치하는 방식으로 설계했어요. 초기에는 테라스에 수도시설, 화분, 빨래줄 등을 두고 3층 객실과 연결시키는 계획도 있었어요. 목욕장은 입구동, 동측동, 서측동, 마당을 둘러싸고 이렇게 세개의 건물을 배치하고 디귿자 지붕으로 연결했습니다. 동측동과 서측동은 비슷한 평면이지만 빛과 전망의 차이로 내부에서 인식하는 공간의 분위기는 전혀 달라요. 그래서 한달에 한번 남자, 여자 목욕장 위치를 바꿀 수 있도록 설계했습니다. 이번에 가신 곳은 산측 전망의 서측동이었지요? 목욕장은 특히 내부의 용도가 중요한 건물입니다. 문을 열고닫고, 신발을 벗고신고, 옷을 벗고입고, 샤워를 하고, 온탕과 냉탕이 있고, 내부와 외부가 연결되지요. 시각적인 경험이 아닌 다른 감각에 민감한 장소이고 그 기능이 설계에 중요한 기준이 되어야 한다고 생각했어요. 눈을 감고 내부

공간을 감지하는 재료의 사용과 치수 등 디테일을 세심하게 설계했지만 현장 시공에 잘못된 부분이 많아 아직도 아쉬움이 큽니다.

JK   네 곳곳의 디테일을 신경쓰셨다는 것을 느낄 수 있었습니다. 내부뿐만 아니라 건축과 외부가 만나는 곳들에서도 다양한 풍경과 재료가 있더군요.

YK   건물이 자연과 만나는 경계에 대한 고민을 했어요. 도시에 건축할 때와는 다른 방향의 고민이지요. 입구동과 사우나동 지붕에 식물을 심고, 마당과 외벽의 경계에 물길을 만들고 마사토로 덮었어요. 작은 틈만 있어도 식물은 자라고 이런 자연스러움이잖아요. 외부에 노천탕과 사우나 가보셨지요. 바로 너머에 자연 그대로의 거친 산과 동물, 식물들이 있어요. 자연과 건축 사이에 연못을 두고 연못의 물로 동측동과 마당, 서측동으로 연결되는 자연스러운 경계를 만들었어요. 물에 대한 생각을 많이 했어요. 현대의 건축은 비, 눈, 바람 등 자연 현상을 막아주고 급수, 배수, 우수, 설비 장치로 비와 물의 흐름이 보이지 않게 설계되어 있죠. 비가 내리는 처마, 물이 흐르는길, 낙수되는 비홈통, 고드름... 건축이 비가오고 눈이 내리는 자연현상을 보여주는 역할을 하도록 하고 싶었습니다.

의도한 의도하지 않음, 질서

JK   예전에 소장님과 1차 작품집 작업을 할 때도 느꼈었는데, 말씀 중에 보면 디자인을 의도하지 않는, 즉 과한 디자인을 싫어하시고, 한 듯 안 한 듯한 디자인을 즐겨 하시는 것을 느꼈어요. 그때도 그런 표현들을 자주 썼거든요. 지난 작품집이 나온 것이 2016년이니까 벌써 5년이 흘렀네요. 그런데 지금도 보면 비슷한 키워드를 많이 가지고 계신데 그것들은 오랜 세월에 걸친 일관된 주제라고 볼 수 있나요?

YK   저는 도면을 중요하게 생각해요. 특히 평면도는 plan 계획이고 그 과정에서 장소와 시간 그리고 사람 사이의 여러 경우와 상황을 상상할 수 있는 도구가 평면도입니다. 완성된 설계를 두고도 또 다른 평면을 여러번 그리는 습관이 있어요. 수영장과 목욕장의 경우에는 지상층 본 건물과 지하층 설비공간, 지붕층 이렇게 세개의 평면도가 서로 다르게 교차하는 설계여서 더 많은 평면 스케치를 했어요. 조경, 길, 땅에 대한 설계도 장소의 성격상 중요했습니다. 그러나 만들어지고 드러나는 장소는 논리와 설명이 필요 없어야죠. 인공적으로 만드는 모든 것은, 예술을 포함하여 만든 사람의 치열한 성찰과 사색은 이면에 있고 만들어진 결과는 직관적으로 소통하고 인지되는 것이 좋다고 생각합니다. 그래야 생명력이 있는거 같아요. 좋은 공간은 더욱 그래야 한다고 생각합니다. 오래 보고 자세히 함께해야 하잖아요. 오래 매력적인 사람도 그와 비슷하지 않나요?

JK   그렇죠. 그 말씀하고도 연결이 되는 건데 예전 작업 석촌호수프로젝트를 설명하실 때도, 그냥 호숫가에 건축이 하나 이렇게 턱 얹어진 느낌, 그런 느낌으로 디자인을 하고 싶었다고 하셨지요. 이번에 상하파머스빌리지도 보니까 다른 글에서 '디자인을 안 한 듯한 느낌으로 하고 싶었다'라는 말씀을 하셨거든요. 좀 더 근본적으로 들어가서 이런 성향이 어떤 배경으로 왜 생겼을까요? 어찌보면 설계를 접근하는 근본 태도이기도 한 부분인데.

YK   좋아하는 공간에 대한 질문을 받는 경우가 있습니다. 그 때 예로 들었던 대답을 생각해 보면, 야스나리의 설국에서 고요하고 조금 긴장된 방에 대한 묘사, 루이스 칸의 생각에 잠겨있고 잠재적인 힘을 가진 건축, 무질서한 질서와 사고, 흔들리며 고요한 풍경. 그 과정은 치열하고 엄격하지만 세상과 소통하는 방식은 여유롭고 비워있는 장소로 드러나있죠. 상하파머스빌리지를 설계하면서 디자인을 하지 않는, 오래된 도구처럼 기능적이고 소박한, 시간이 지나면 원래 그 자리에 있었던 것처럼 자연스러운, 이런 기준을 중요하게 두었어요. 설계과정은 치열하고 엄격하지만 완성되어 인지되는 공간은 우리 기억의 어딘가와 연결되는 그런 자연스러움이죠. 바슐라르의 집에 대한 연상과 연결하여 생각해보면 달팽이집보다는 새집에 가까운 것이겠지요.

JK 마감에서도 여러 부분에서 신경을 많이 쓰셨더라구요. 객실 휴지걸이조차 짜맞춤으로 만드시고. 전공자가보면 그런 세심함이 잘 느껴지는데, 막상 표현하실 때는 안 한 듯 디자인했다고 말씀하시더라구요. 저도 가구를 만들어보았지만 얼핏 보면 간단하고 쉬워 보이는 디자인도 자세히 보면 그렇지 않은 경우가 많거든요. 객실 책상도 자작나무 합판으로 목공소에서 쉽게 만든 것처럼 보이는데 제가 밑에 들어가서 디테일을 보았거든요. 모두 다 신경을 쓰신 거잖아요. 실제로는 세공이나 설계가 많이 들어간 작업들이죠. 나무와 나무가 만나는 거의 모든 부분을 신경을 쓰셨더라고요. 그런데 최종 결과물은 무심한 느낌으로 이렇게 툭 서 있는 것 같아요. 저는 건축이나 디자인 전공이 아닌 분들이 투숙을 하고 갈 때, 이런 부분들을 이렇게 얼마나 느끼고 이해할 수 있는지는 모르겠어요. 하지만 그 무심한 느낌은 가져갈 수 있을 것 같아요. 무심한 듯 서 있는. 공간이 주는 전반적인 분위기 있잖아요. 분명히 일반적인 펜션이나 리조트와는 다른 어떤 감성을 자아내는. 호텔은 이러이러해야 한다 그런 상식적인 디테일이 없으니까. 객실의 조도도

그래요. 보통 사람의 기준으로 보면 조금 어두울 수 있죠. 하지만 저는 그 공간의 음영이 좋았거든요. 일부러 저는 블라인드와 슬라이딩 도어를 닫고 오후를 지내보았는데 그 느낌이 좋았어요. 형광등에 익숙한 분들은 불을 켜도 전체적으로 어두운 방 안의 색감 때문에 당황할 수 있죠. 그것도 다 의도를 하신 거죠. 조도나 체감.

YK 자연채광과 인공조명을 포함하여 실내의 조도에 대해서 중요하게 생각해요. 건물은 내부를 담기 위한 것이고 내부의 분위기는 빛의 질에 따라 달라지잖아요. 건물의 외관에서 창의 형태와 크기를 정하지만 각각의 실내공간에서 다시 조정하여 결정합니다. 인공조명이 없이 창과 날씨에 따라 달라지며 빛의 음영이 있는 내부가 좋지요.

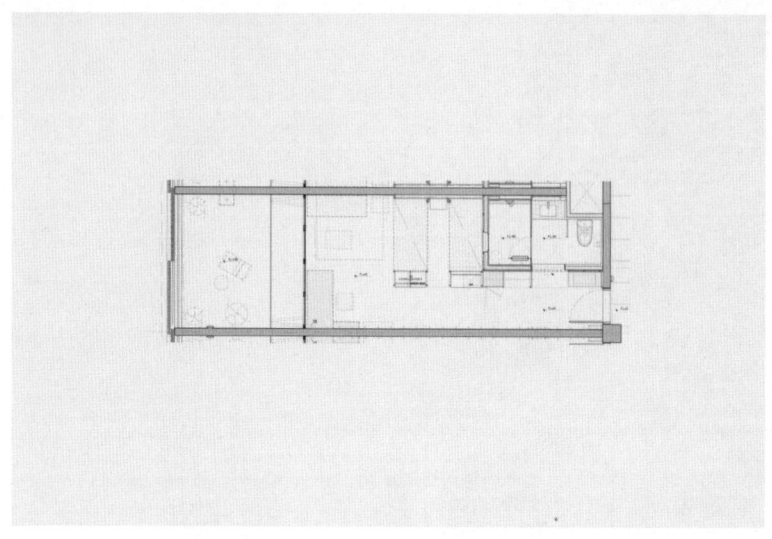
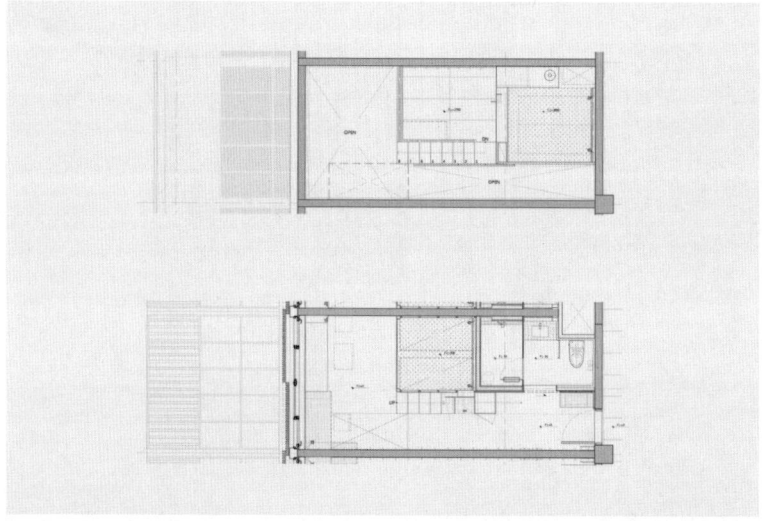
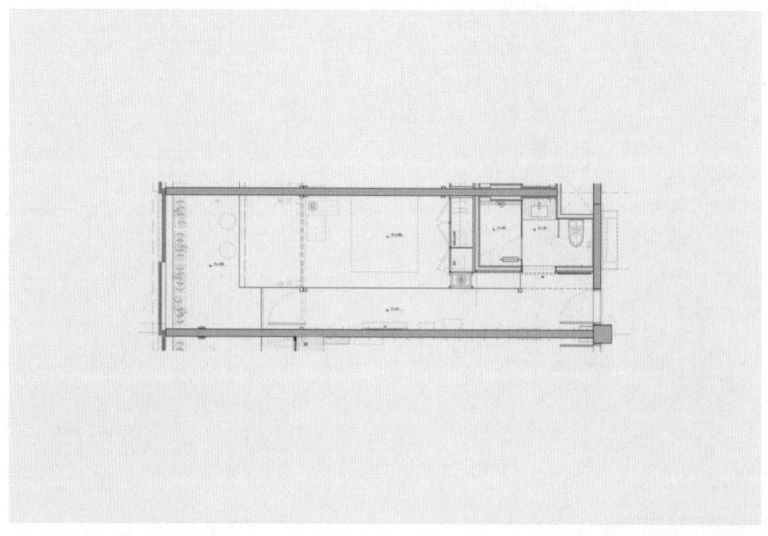

Unit plan: Terrace room, Loft room, Korean room

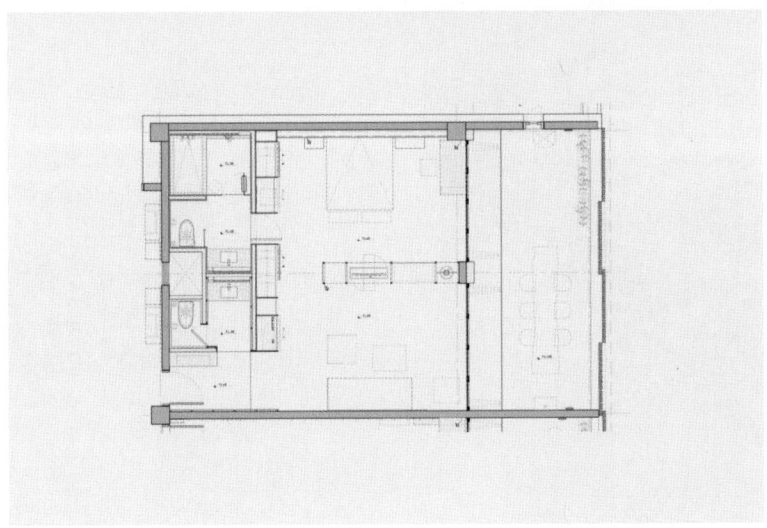
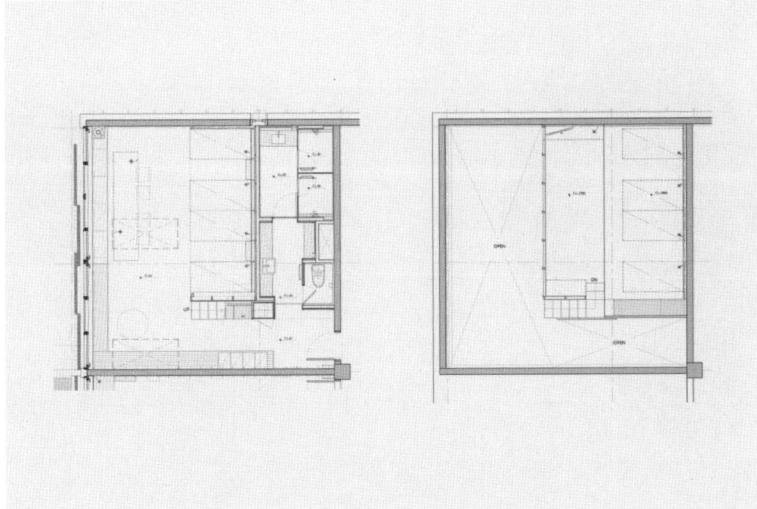
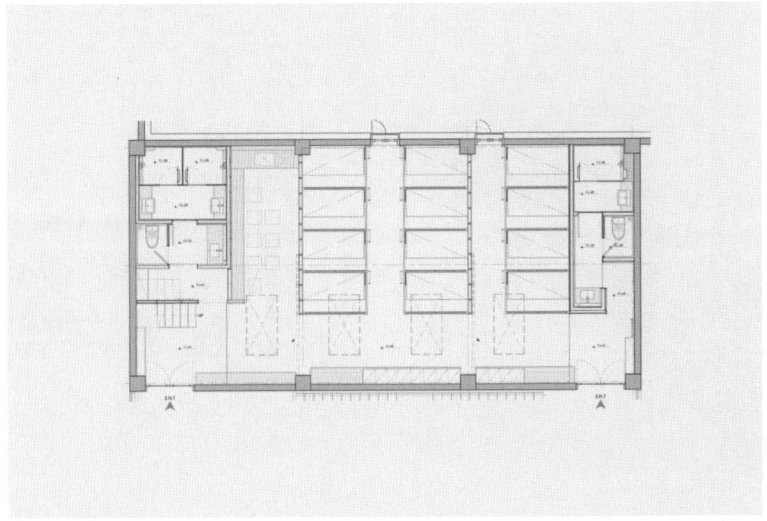

Unit plan: Suite room, Group room

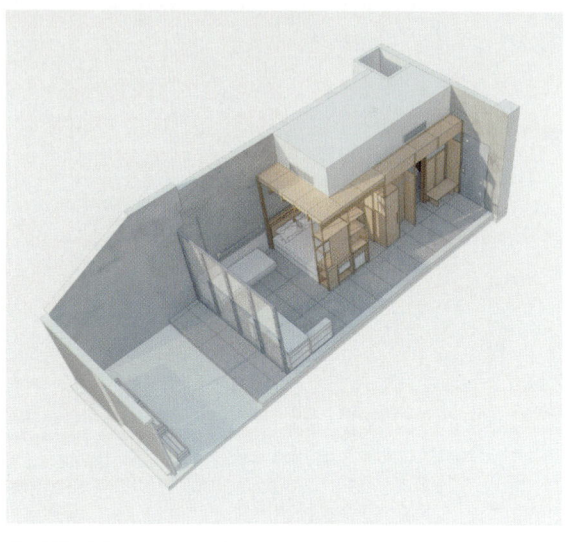

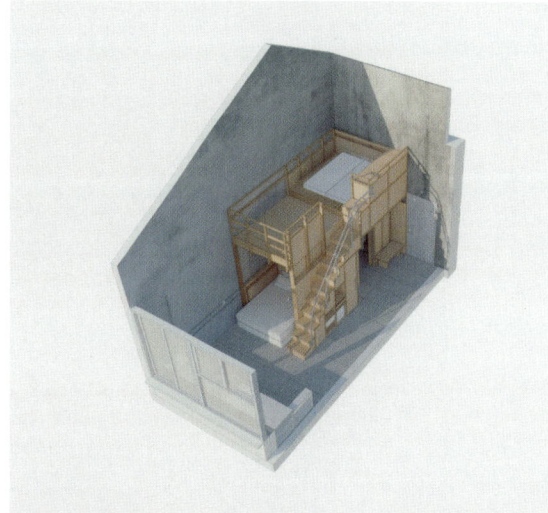
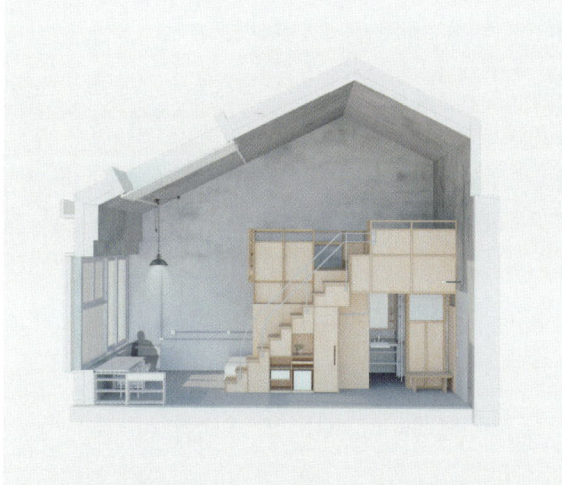
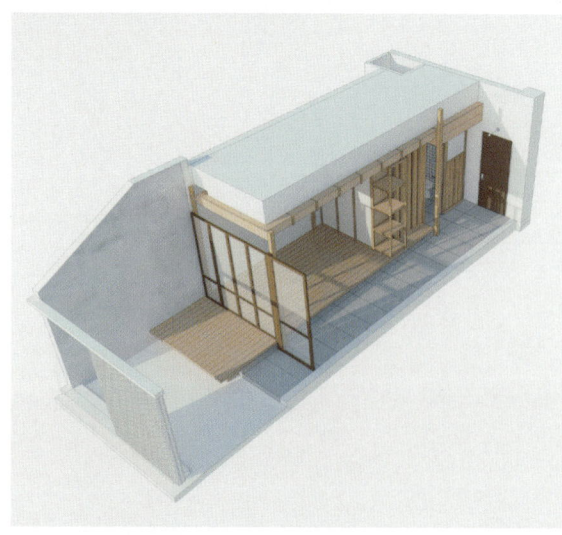
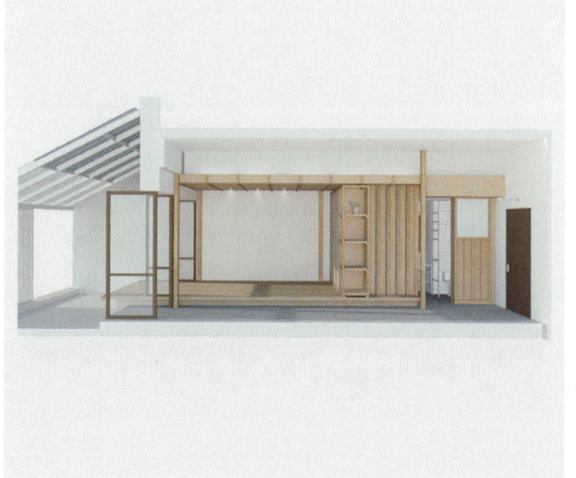

Unit perspective: Terrace room, Loft room, Korean room

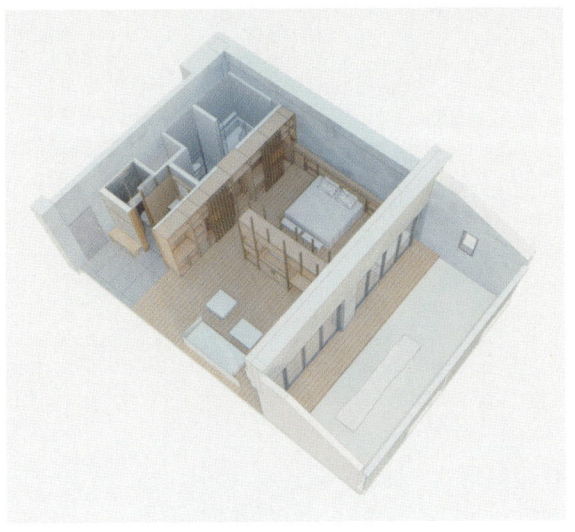
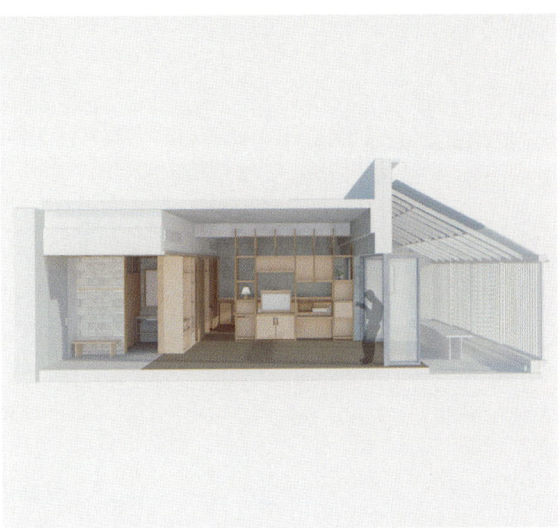
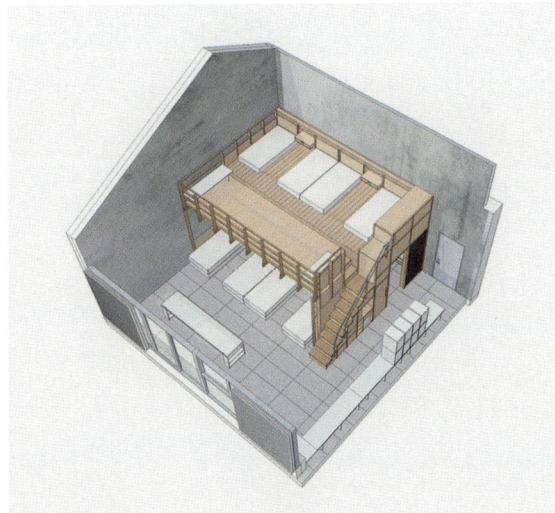
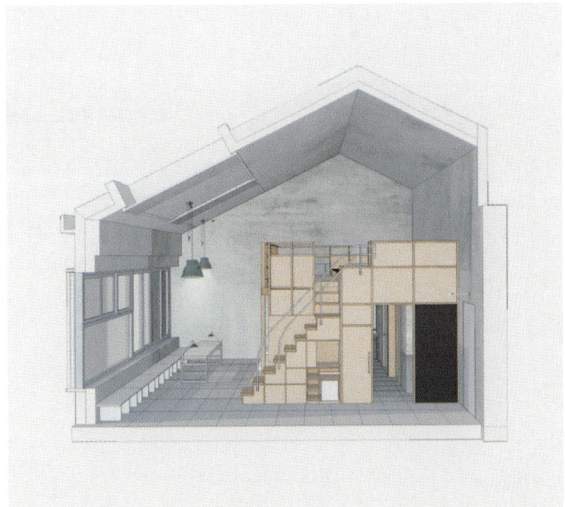
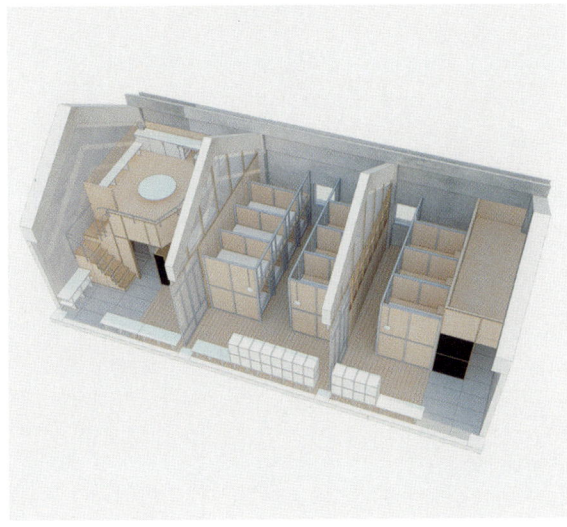
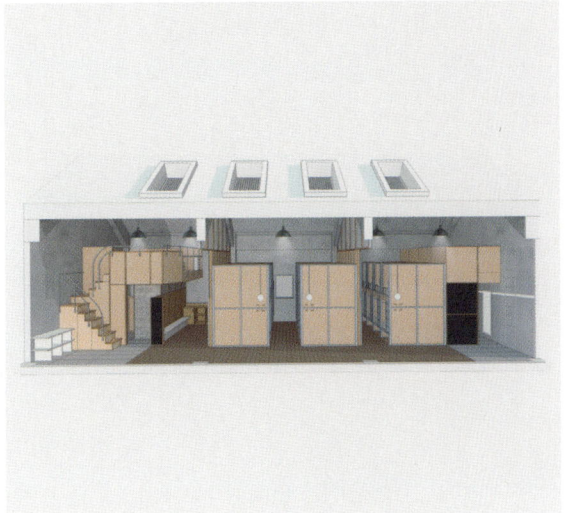

Unit perspective: Suite room, Group room

JK   그런 부분들은 사진으로 담기 참 힘들죠. 직접 그 장소에 가보아야만 경험할 수 있는 실제 체험들이죠. 미묘한 시간과 순간의 변화가 주는 공간과 장소의 울림들이죠.

YK   대부분 그래서 제가 설계한 공간이 사진에 잘 담기지 않습니다. 사진을 잘 받지 않는 건축이어서 사진으로 기록해주시는 작가분께는 쉽지 않은 작업일거 같아요. 지금의 시대와 맞지 않지요. 직접 지내보아야 알 수 있어요. 예를 들어 수영장은 남북으로 긴 대지이고, 서측 대지경계선으로 길게 건축물을 배치했습니다. 매표, 관리시설과 샤워, 락카실과 스낵 등 시설을 여덟개의 건물을 어긋나게 배치하고 그사이를 비워 언덕에서 수영풀을 지나 구시포 바다까지 이어지는 동서 방향의 바람길을 만들었어요. 좁고 긴 회랑을 가진 건축은 여름날 오전과 오후에 거쳐 전혀 다른 방향의 그늘을 만들게 되죠. 계단을 오르는 입구에서부터 수국, 접시꽃, 맨드라미 등 여름 꽃들과 나무의 초록색은 수영장을 운영하는 6월과 9월에 서로 다른 모습이겠지요. 메타세쿼이아 나무와 건물의 그림자가 만드는 풍경도 날씨와 다채로운 하늘에 따라 많이 다르게 느껴집니다.

JK   "땅과 바다와 산이 좋아 해도 달도 그냥 지나지 못하는 땅 고창"이라는 김용택 시인의 글이 생각나요.

YK   수영장에서 황토벽과 바다 보셨어요? 고창지역의 땅은 대부분 중생대 시대 암석이 풍화된 적색토 구릉이 많고 붉은 황토입니다. 그래서 수영장 주변 바닥과 옹벽에 주변 흙색과 같은 붉은 황토를 사용했어요. 흙의 특성상 마른때와 젖은때 그 색이 많이 다르겠지요. 한 여름에 젖은 발자국이나 수영장 물줄기, 바람에 빗물자국 같은 흔적이 만들어 줄 재미를 기대했어요. 사진에 담기지 않고 가만히 보지 않으면 보이지 않겠지요. 수영풀 사이드에는 그 자리에 있던 단풍나무와 함께 그늘을 만들고 바람에 흔들리는 나무가 중요했어요. 나무의 종류와 위치를 세심하게 설계했지만, 시공과정에서 소홀이 되어 다시 정비가 필요한 부분입니다.

JK   수영장에서 수영도 해보았는데 바닥까지는 자세히 보질 못했네요. 저는 객실 책상에서 원고 작업을 좀 했는데 작업이 잘되더라고요. 핵심적인 공간의 경험은 이 파머스빌리지에서는 개인이 혼자 와서 그 공간의 그라데이션을 온전히 느낄 때 잘 체험할 수 있다고 생각되어요. 누군가와 함께 와서 대화하고 웃고 떠들며 유쾌하게 지내는 것도 좋지만 공간의 온전한 분위기는 그 공간 속에 홀로 내던져질 때 분명하게 느끼지요. 객실의 그늘진 그 공간이 뭔가 개인의 속으로 침잠해 들어가도록 유도하는 느낌을 받았어요. 객실에서 바깥 풍경을 바라보면 외부로 심리가 투사되기도 하지만 반대로 내면으로 침잠해 들어가는 느낌도 체험할 수 있었어요. 그런 부분은 일부러 그렇게 만드신 건가요?

YK 공간에 대해 그렇게 말씀해 주셔서 감사합니다. 교수님 책제목 ‹공간 공감›. 조금 거창한 이야기일 수 있겠지만 장소가 갖는 고유한 존재감. 제가 만들어가는 건축이 그랬으면 합니다. 저는 농원이 보이는 203호 객실을 좋아해요. 동쪽 테라스 객실이죠. 2층의 객실은 방의 삼분의 일 크기의 테라스를 두었어요. 호텔의 복도와 욕실, 침대, 책상, 테라스, 그리고 전원 풍경으로 이어지는 공간의 여러 단계가 있는거죠. 3층 객실은 천창이 있는 로프트 예요. 상하에 가면 해가 뜨기 전에 깨어서 테라스 너머에서 서서히 아침이 되는 모습을 보게 되요. 안개가 많은 지역이어서 고요한 가운데 그 푸른빛의 기운은 여러번 지내보아도 인상적입니다. 원래 저는 서향빛을 좋아해요. 해질녁 매일의 빛은 다양하고 그림자가 길어요. 사무실에서 저의 공간도 서향에 두었구요. 그러면 서향빛은 도시적인가요?

JK 서쪽은 햇빛이 세잖아요. 저는 작업할 때는 북향 방을 좋아합니다. 남향방은 햇빛이 너무 드라마틱하게 들어오죠. 때로 너무 강한 직사광선이 부담스럽거든요. 저는 빛이 떨어지는 곳을 바라보는 걸 좋아하고, 제 자신은 그늘진 곳에 있는 걸 좋아해요. 여름철 남향방의 작열하는 태양은 때로 공간을 녹여버릴 듯 강렬하기도 하지요. 상하농원에서 제가 머문 동향방은 아침에도 그렇고 늦은 오후에도 그렇고 빛이 만드는 공간의 깊이감이 깊더라구요. 그 맛이 있어요. 공간 안쪽의 어둠부터 바깥 자연의 밝음까지 죽 이어지는 그라데이션과 중첩의 느낌이 인상적이었어요.

파머스빌리지 목욕장 Bath House

대지는 파머스빌리지호텔에서 북서쪽 방향으로 내려가는 부지에 위치한다. 기존의 언덕을 복구하는 지형을 상상하며 건물의 높이를 가까운 언덕보다도 낮게 설계 했다. 주변에 참나무숲을 조성하여 그 안에 낮으막하게 자리 잡은 숲속의 목욕장을 계획하였다. 다양한 종류의 참나무가 그려내는 사계절과 바람과 새와 작은 동물들을 상상했다, 숲 사이 굽어지고 좁은 길로 내려가면 농원 목초지가 내려다보이는 입구 마당을 마주한다.

 건물은 동측동, 서측동, 입구동 세개의 채로 분리하여 배치하고, 어긋난 ㄷ자 박공지붕으로 이를 하나의 채로 연결시켰다. 벽과 지붕에 녹지를 두어 식물과 함께 자라는 입구동을 돌아 들어서면 비워지고 열린 안마당이 있다. 마당에서 동측, 서측 목욕장으로 가는 입구가 있다. 목욕장은 내부의 기능이 중요한 건물이다. 몸으로 인지하게 되는 각각의 내부기능들은 그 높이와 크기, 재료의 사용법으로 세심하게 설계하려고 했다. 동측동과 서측동은 비슷한 평면이나 창을 내는 방식을 달리했다. 그 전망과 빛의 차이로 계절의 변화와 시간에 따라 내부공간을 다르게 경험할 수 있다. 지상층의 건축면적은 작은 규모지만 내부와 외부 사이에 중간 영역인 열린 입구, 처마, 마당, 노천탕 등을 포함하면 실제 인식되는 면적은 그 두 배 가까이 된다.

 목욕장은 계절별로 내부의 크기가 달라지고 공간의 인상이 변하는 건축이다. 숲 사이로 내려가는 길과 만나는 입구와 자연과 인공의 경계로 마당, 연못, 처마, 문, 물, 식물, 천창, 빛굴뚝 등의 부분이 안과 밖의 경계를 조절하는 장치이다. 자연과 건축의 경계를 조절하는 막이다. 시각적 경험보다는 다른 감각에 열린 경험과 체험이 가능하게 하는 장치이기도 하다.

 십여 년 후 참나무 숲이 무성해지고 소박한 건축을 중심으로 사람과 자연이 좋은 기억과 관계를 만드는 장소가 되길 바란다.

Location: Yongjeong-ri, Sangha-myeon, Gochang-gun, Jeollabuk-do, Korea
Program: Bath house
Area: Site area 15,300㎡, Bldg. area 614.7㎡, Gross floor area 899.18㎡
Building scope: Ground floor, Basement floor
Building height: 6.99m
Year: 2018–2021
Client: Sangha Farm CO.
Photography: Rohspace

다른 시간, 다른 장소, 경계인

JK 약간 다른 이야기지만 다음날 아침에 먹은 조식이 맛있더라고요. 크게 기대하지 않았었는데 음식이 정갈하고 건강하고 맛있더라고요. 아침 먹을 때, 방에서의 느낌하고 다이닝 홀의 경험이 매우 다른 것을 발견했어요. 뷰가 고창 들판으로 크게 열리니까 공간의 개방감이 시원했어요. 객실의 밀도 높은 공간감과는 다르더군요.

YK 밀도는 제가 공간을 설명할 때 흐름과 함께 자주 쓰는 단어입니다. 밀도는 V분에m 단위 부피당 질량이죠. 균일한 물질의 특성을 설명하는 명제로 수학의 정석에 있는. 책장에는 사전이나 도판집 같은 류의 책이 많죠. 공간의 밀도는 다양한 방식으로 인지 될 수 있을거 같아요. 설계자의 입장에서는 사람을 중심에 두고 다른 요소와 공간의 흐름을 계획하며 밀도에 대한 설계를 하게 되요. 아침식사를 하는 곳은 9×27m, 높이 8m 크기의 온실이 본 건물에 연결되어 있는 형태로 계획한 곳입니다. 300여명이 모여서 잔치를 할 수도 있고, 어느 아침에는 한두 테이블에만 사람이 있을 수도 있겠지요. 그래서 오픈된 공간이지만 높이를 달리해 공간을 구분했어요. 빛의 밀도로 구분하여 어두운 자리에서 밝은 곳을 보거나 밝은 자리에서는 안쪽 낮고 어두운 자리가 의식되지 않게 하는 것이지요. 그곳에 놓인 의자 기억하세요? 일이 의자. 상하파머스빌리지를 위해서 디자인한 의자입니다. 높이, 디자인, 색, 마감재가 모두 두가지여서 일이입니다. 네가지 요소를 순열로 조합하면 24가지 의자타입을 만들 수 있어요. 빈공간에서 의자는 사람과 가장 비슷하다고 생각해요. 큰사람 작은사람, 남자 여자처럼. 그래서 의자를 디자인할 때 의자로서의 쓸모와 함께 하나의 사물로서 단순한 연상을 하게 됩니다.

JK 의자까지도 직접 디자인하신 거군요. 몰랐습니다. 24가지 타입이 만들어질 수 있다니 놀랍네요. 저는 다이닝 홀의 돌벽을 흥미롭게 보았어요. 돌벽은 보통 돌창고나 비슷한 오래된 시골 건물에 가면 볼 수 있는데, 밖에서는 돌벽이지만 안에 들어가면 보통 화이트나 외부와 다른 실내 마감을 쓰곤 하지요. 그런데 상하농원에서는 안에서도 똑같은 돌을 사용했어요. 다이닝에서 아침을 먹다가 우연히 돌벽을 바라보니까 순간 외부 테라스에서 식사하는 느낌도 들었어요. 안에 들어왔지만 사실은 외부처럼 느끼게 하려는 의도가 있구나 했죠. 비가 내릴 때 천장의 소리도 좋을 것 같아요. 예전에 함석지붕 창고에 들어가면 비올 때 그 소리가 마치 음악처럼 들리곤 했는데. 비가 내릴 때, 눈 올 때 다이닝 홀의 분위기는 어떤가요? 눈이 오면 상하농원 풍경이 완전히 달라질 것 같아요. 항상 그렇지만 온통 백색 세상이 되어버리면 같은 건축도 너무 다르게 보이죠.

YK 상하파머스빌리지의 세개의 건축은 각각 건물의 외부와 내부에 같은 재료를 사용했어요. 재료의 마감이나 사용법의 차이는 있지만 콘크리트와 나무, 돌, 식물을 주요재료로 사용했어요. 앞에 이야기처럼 외부와 내부가 명확한 경계를 두지 않으려 한 이유이기도 해요. 고창에는 눈이 많이 오지만 오랫동안 쌓여있지 않고 금방 녹는다고 합니다. 눈은 양면적인 것 같아요. 다른 맥락에서 읽은 문장이지만, 날씨만큼 이데올로기적인 것은 없다. 로맹가리의 말이 생각나요. 날씨는 사물과의 관계를 전혀 다른 차원으로 인식하게 하는거 같아요. 비는 시간을 두고 사물에 색을 입히죠. 그래서 비오는날 한옥에 있으면 짙어진 목재와 기와의 색으로 더욱 분명한 인상을 갖게 되요. 사람과 식물도 그렇게 비가오면 그 색이 짙어지지요.

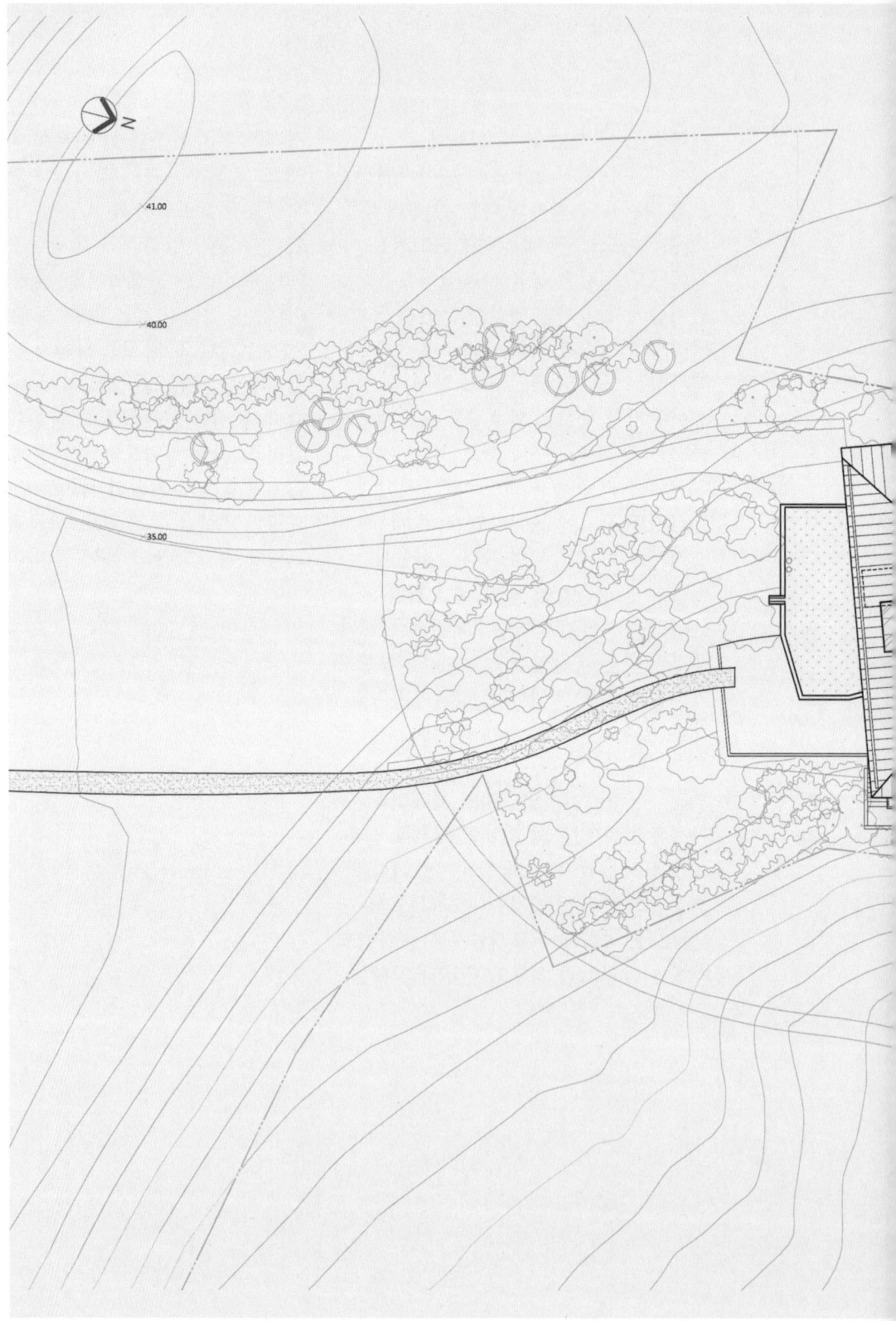

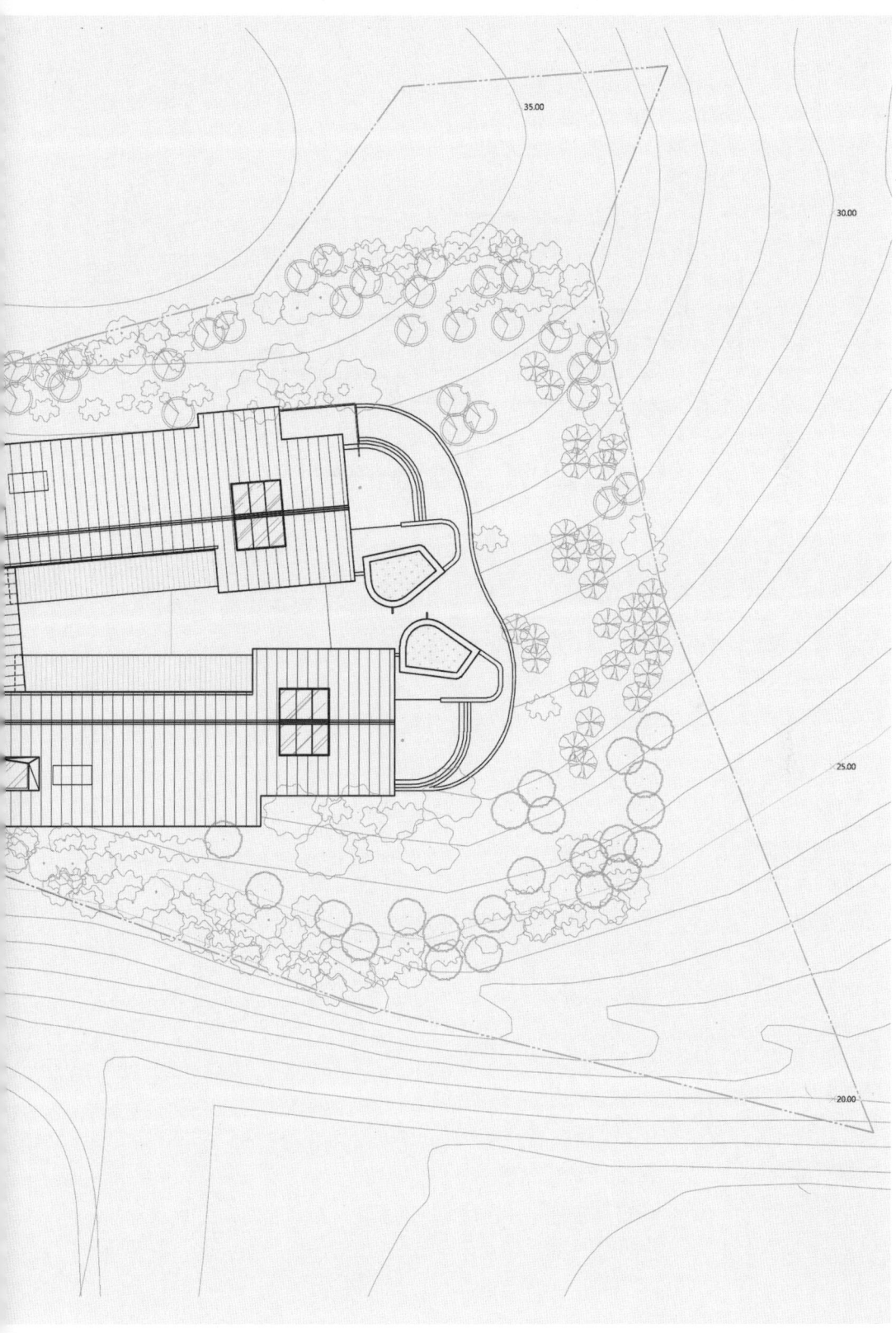

Site plan

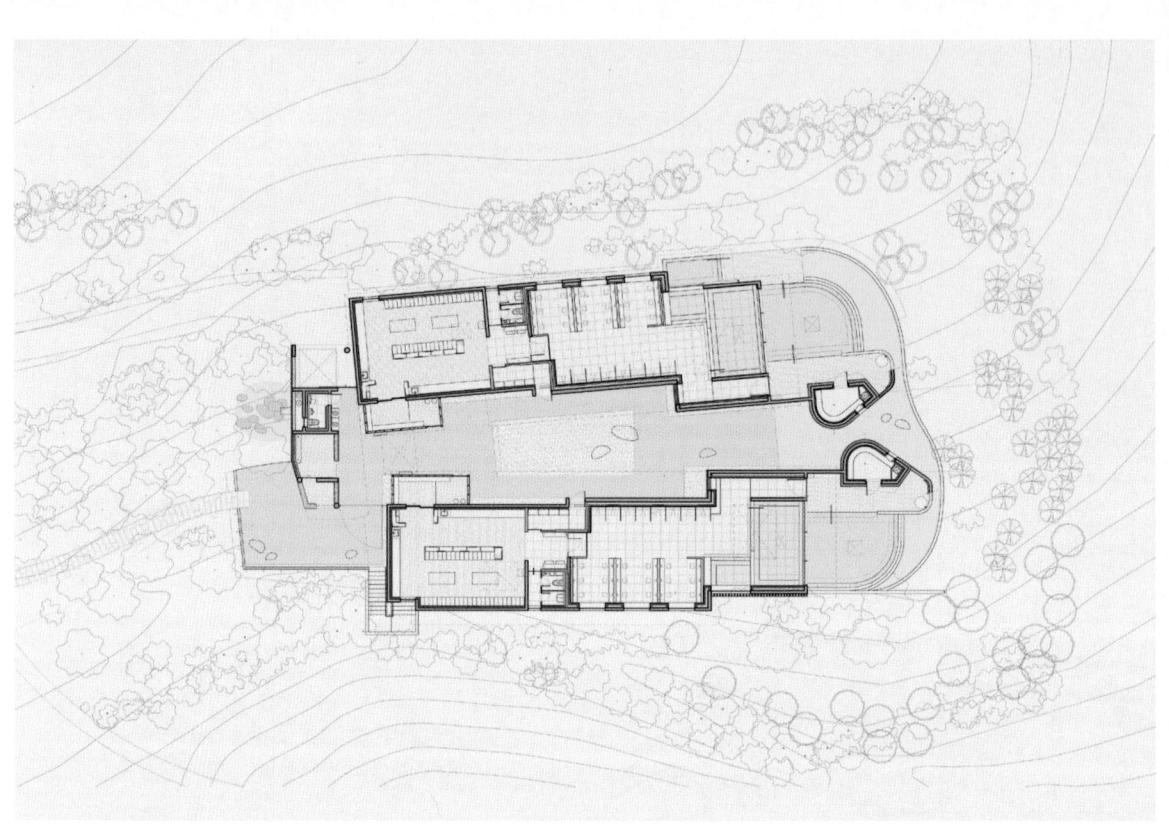

Ground floor plan

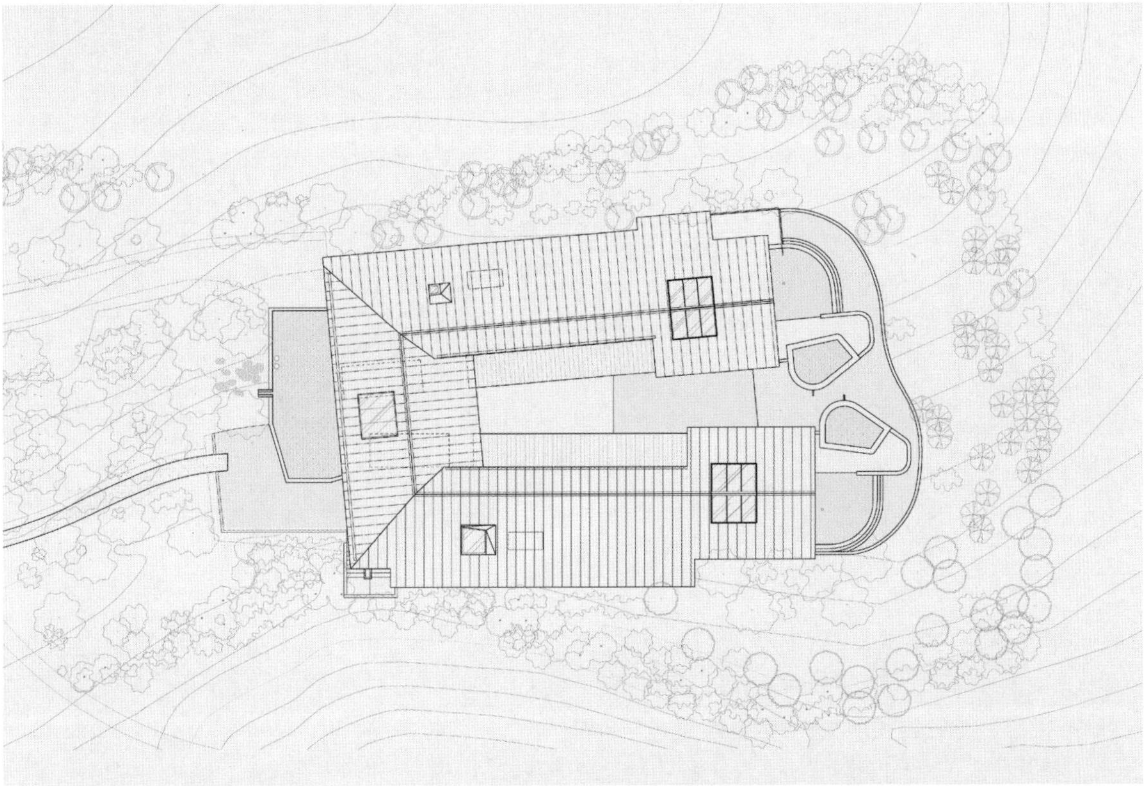

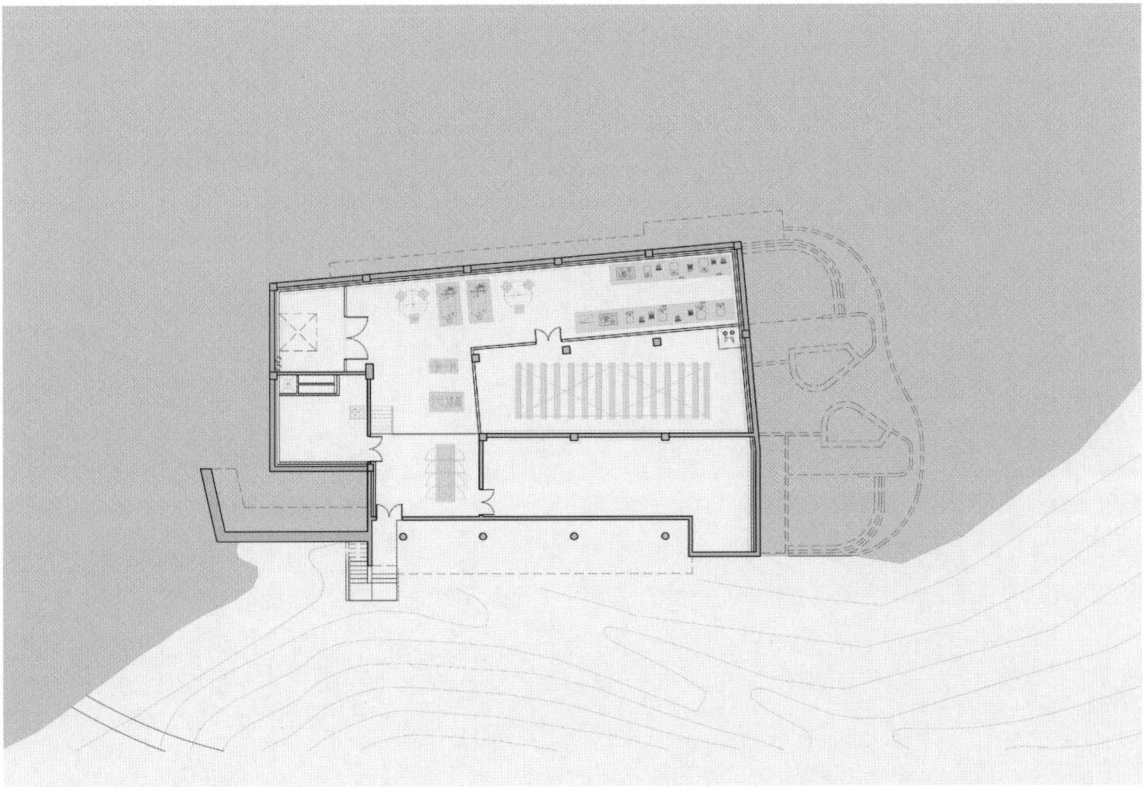

Roof plan, Basement floor plan

바이오필리아, 과학적자연주의자

JK 상하농원 프로젝트는 워낙 자연조건이 좋고 특성이 강한 부지에 건축을 지었기 때문에 자연과의 관계를 이야기하지 않을 수가 없지요.

YK 건축되는 모든 환경이 다르겠지만, 거친 자연과 계획된 자연이 함께 있는 이런 환경은 꼭 좋은 부지라고 할 수는 없는 거 같습니다. 몇년이 지난 후 비슷한 자연조건에 설계할 기회가 있다면 긴 시간을 두고 좀 더 좋은 건축을 할 수 있겠다고 생각해요. 설계한 건물이 완공되어 가면 괴롭고 무척 힘듭니다. 차이는 있지만 항상 비슷했던거 같아요. 건축가로서 설계의도나 관점 등 그럴듯한 설명을 할 수는 있지만, 완공된 건물은 이제 그대로 드러나있지요. 시공이 잘못된 부분과 설계의도대로 실현되지 못한 부분, 혹은 설계가 부족했던 부분 등 아쉬움과 단점만 보여서 사실 제가 설계한 장소에 가기를 피하게 되요. 이번 프로젝트는 그런 부분이 너무 많은 현장이었구요. 좋은 건축이 되기 위해서 설계자가 가장 중요하겠지만 완성되기까지에는 여러 분야의 이해와 협업이 무엇보다 중요하다고 생각해요. 건축된 이후에도 그렇지요.

JK 말씀 들어보면 진행과정에서 어려운 점들도 많았을 것 같습니다. 수영장의 경우는 보통 리조트 등에서 잘 쓰지 않는 50미터 대형 수영장이던데, 전체 콘셉트 측면에서 약간 어울리지 않는다는 생각도 했습니다. 아기자기한 시골 모습의 풍경에서 거대한 직사각형 수영장이 다소 동떨어진 느낌이랄까. 수영하는 즐거움은 좋았습니다만.

YK 원설계에서 수정된 부분입니다. 수영장은 파머스빌리지로 오르는 길에 오래된 메타세쿼이아 길이 있는 낮은 언덕 위 삼천평 부지에 설계를 시작했습니다. 처음에는 수영장을 만드는 계획에 반대하는 입장이었어요. 기존의 자연을 훼손하는 범위가 넓고, 수영장으로 사용하는 기간이 일년에 삼개월 정도인 것에 비해 시설에 대한 투자비가 크고 관리의 문제도 있었습니다. 저는 이 땅에 과수원을 했으면 좋겠다고 생각했어요. 과수원, 공원. 리서치 과정에서 친환경수영장 natural pool을 퍼블릭 수영장에 적용한 해외 사례를 찾게 되었어요. 상하농원에 자연속의 연못과 같은 수영장을 만드는 상상에 들떠 있었습니다.

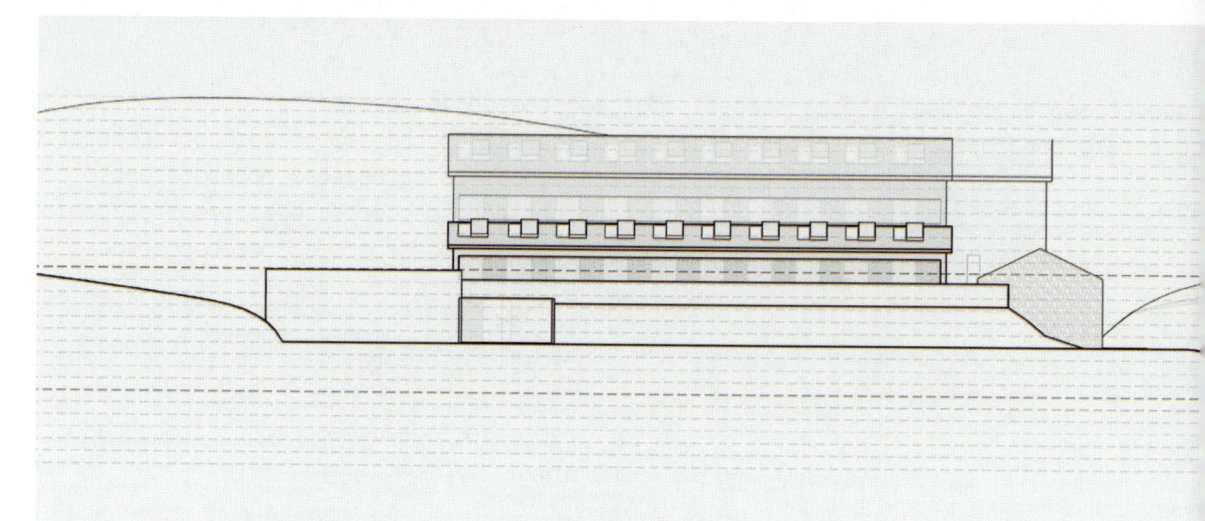

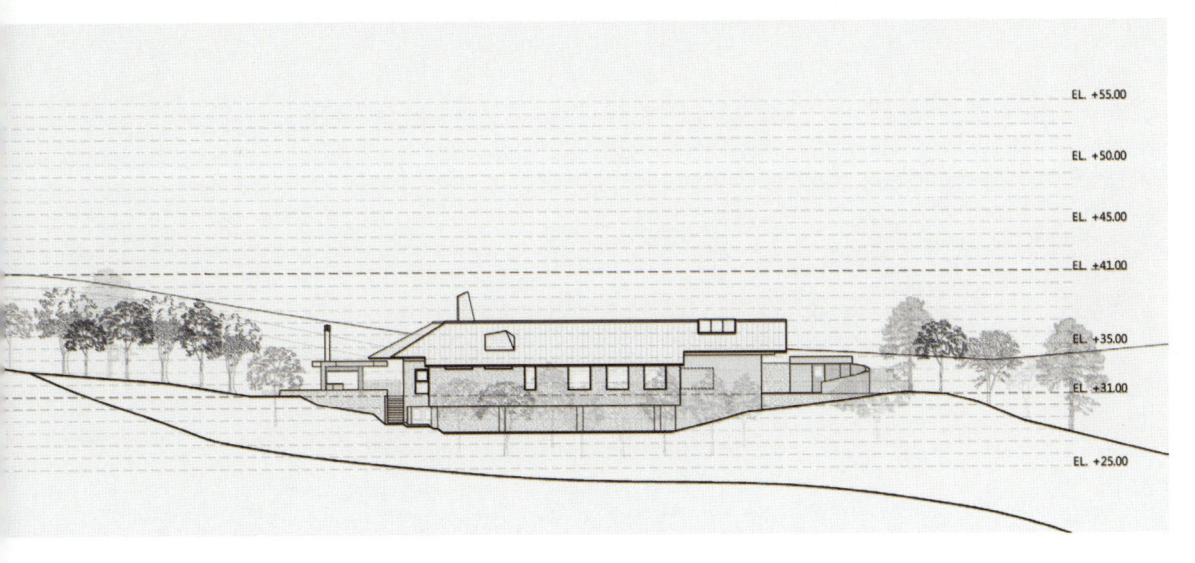

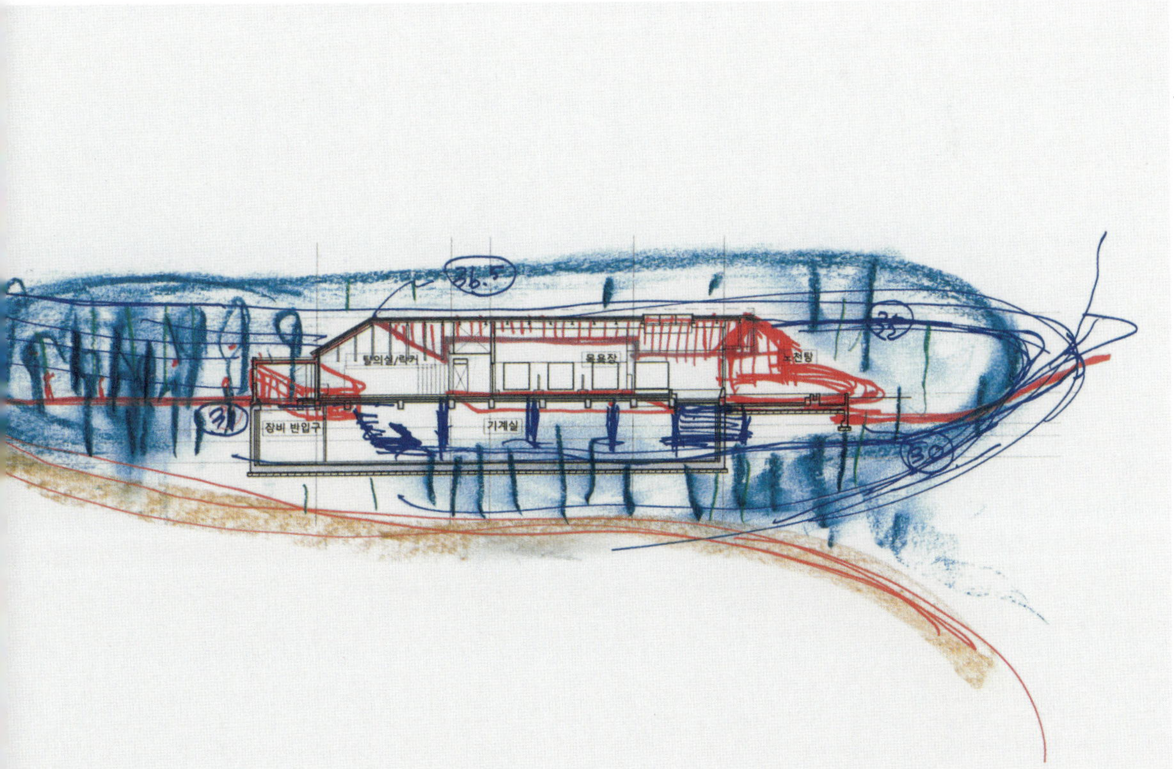

147   Site elevation, Sketch

South elevation

West elevation

JK　런던의 하이드파크 자연 호수에서도 여름에는 수영을 할 수 있게 하는데 비슷한 개념이군요.

YK　내추럴 풀은 화학적 소독약이 아닌 식물과 광물을 이용한 수질 정화방식으로 관리하며 수영풀 한쪽에 정화식물풀을 함께 설계하는 친환경 시스템입니다. 자연속의 연못과 같은 원리라고 생각하면 비슷해요. 스위스, 오스트리아처럼 자연환경이 청정한 지역에 사례가 있어요. 수질환경 전문기관과 친환경 조경전문가와 만나 실현 방법을 연구하던 중에, 우리나라에서는 처음이고 그래서 공공수영장에 대한 법규기준을 맞출 수 없다는 것을 확인하고 포기하게 되었어요. 자연 속에 있는 수영장이어서 두꺼비, 해충 등에 대한 안전관리 측면의 문제도 있었구요. 메인풀이 아닌 한쪽에 작은 웅덩이처럼 만들었던 설계안도 실현되지 못해 아쉬운 부분입니다.

JK　내추럴 풀은 여러 가지 요건상 우리나라에서는 쉽지 않을 것 같습니다. 그래도 실현될 수 있으면 좋겠습니다.

파머스빌리지와 수영장의 동선 연계는 어떻게 고려했나요?

YK　수영장은 낮은 구릉이었던 땅이고 그 아래로 오래전 축사가 있던 길이 있고 그길에 사,오십년된 메타세쿼이아가 늘어서 있었습니다. 이 길을 걸어 수영장 입구에 이르게 하고 싶었어요. 그래서 아래 농원주차장에서 오르는 길과 위의 수영장 주차장에서 내려오는 길을 계획해서 주 진입로인 메타세쿼이아 길을 의도했어요. 이 길에서 오르는 계단과 매표소 입구마당에서 지붕과 오래된 나무가 만드는 장면은 제가 좋아하는 풍경입니다.

JK　그러면 그런 부분들이 안과 밖, 내부와 외부, 장소와 건축의 모든 것이 연결된다는 관점으로 해석할 수 있으니까 '유기적'이라는 키워드로 귀결될 수 있겠네요. 소장님께서 생각하시는 안과 밖이 존재하고 설정되어 있긴 하지만 그 두 개의 관계는 끊임없이 유연하게 서로가 상호 침투할 수도 있고, 마치 물이 스며드는 것처럼 서로가 이렇게 오고 갈 수 있는 그런 개념으로서의 상태를 말하는 것인가요?

YK 계절별로 내부의 크기가 달라지는. 그렇죠. 건축은 그안을 걸어다닐 수 있어야하고 이어지는 경로와 머물거나 바라보는 방을 가지고 있게 되죠. 공간의 순환적 관계는 기능적 의미도 있지만 정서적 이유 때문이기도 해요. 거주dwelling라는 단어는 사람과 장소간의 총체적 관계를 말하고 그 의미는 공간의 성격 또는 본질로 나타납니다. 건축은 거주를 위한 장치이고 어떻게 거주할지의 방향을 조직해 주는 것이라고 생각합니다. 우리는 사계절이 있고 가장 더운날과 추운날의 기온차가 40도 이상 되는 기후에 살고 있잖아요. 그러나 난방과 냉방을 해야 하는 날은 일년의 반 정도일 뿐이죠. 오히려 나머지 반의 계절을 기준으로 설계를 합니다. 겨울에는 내부의 크기가 작아지고 봄, 가을에는 내부가 열려 중간 영역까지 커지는 건축이죠. 안과 밖의 사이 공간을 크고 다양하게 두고 가변적인 벽과 지붕, 문과 창 등 건축적 장치로 조정할 수 있는 공간입니다. 이런 장치는 회랑, 테라스, 마루, 마당, 발코니, 중정, 방풍실처럼 거주의 정체성을 주는 장소이죠. 지금 사무실도 각 층마다 비워있는 테라스가 있어 계절을 충분히 즐기고 있어요. 건물은 지극히 물질인 사물이지만 그곳에 연상과 기억이 더해지면 살아있는 유체가 되는 경험을 해보셨죠. 시간이 더해진 장소는 기억으로 채워져 다층적인 관계를 만들죠. 하늘, 식물, 길, 사람, 동물, 날씨, 사물. 이 모두는 여전히 세심하게 연결되었다고 생각해요. 자연, 세상, 시간과 긴밀한 관계를 맺는 건축의 가치가 필요한 현시대이고, 그것이 유기적 건축이라고 할 수 있겠지요.

Cross section

Longitudinal section

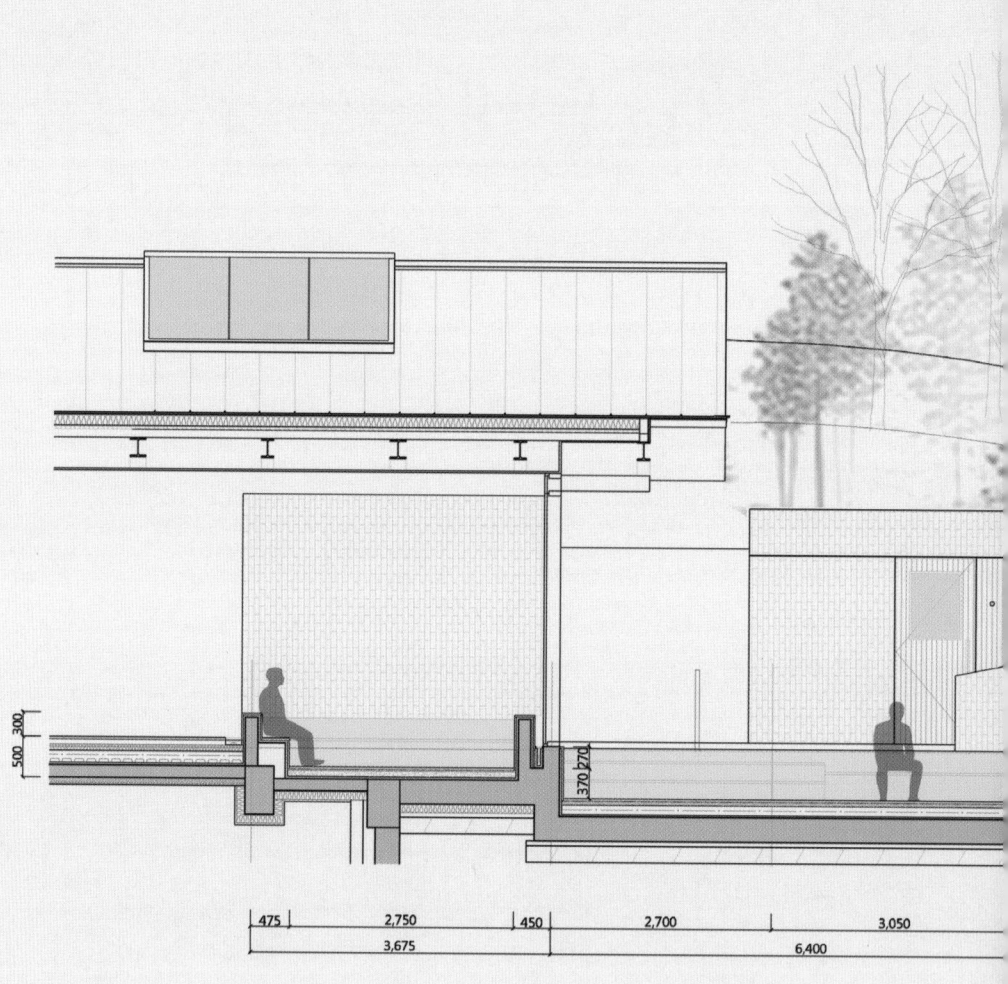

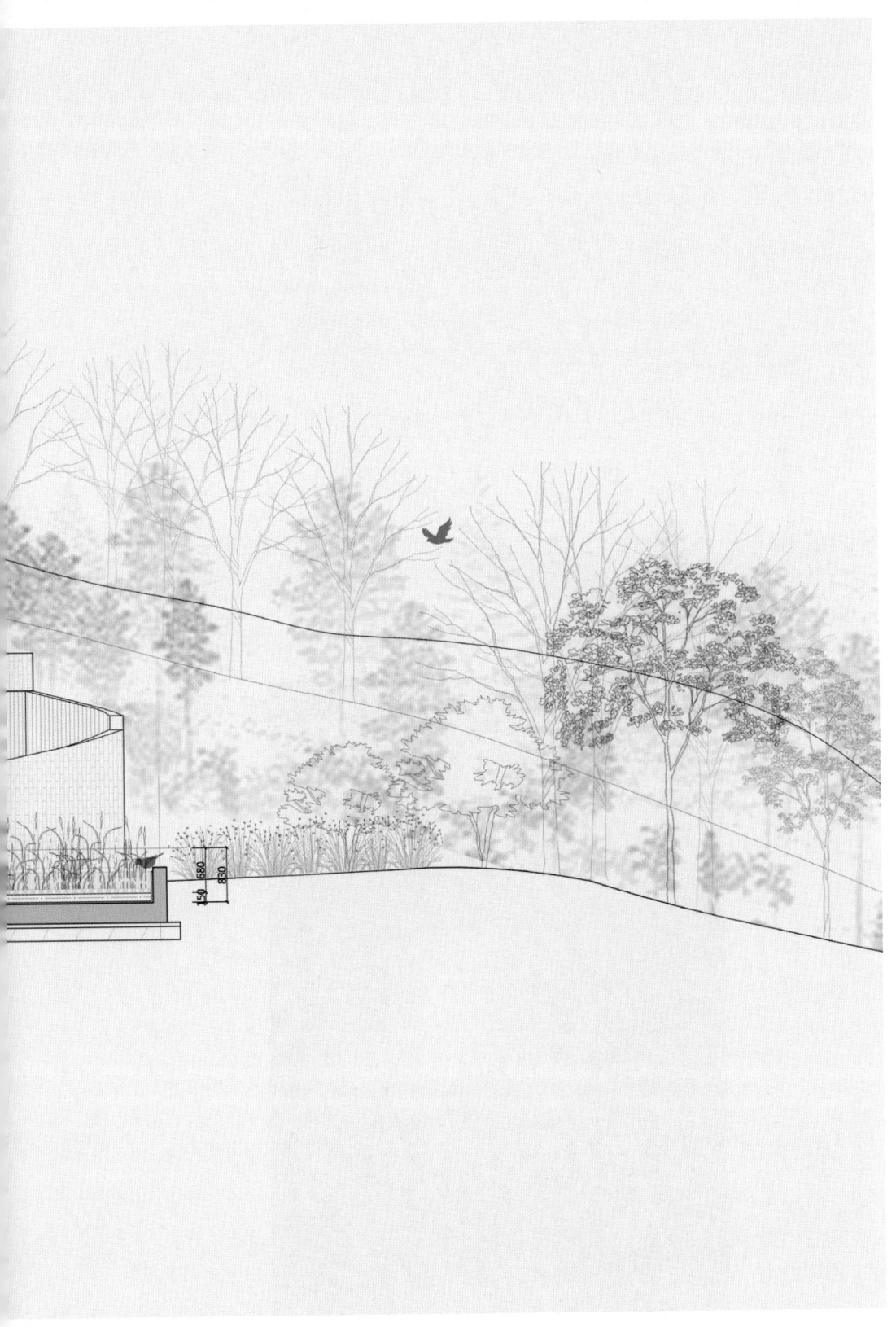

Bath, Open air bath, Pond Section

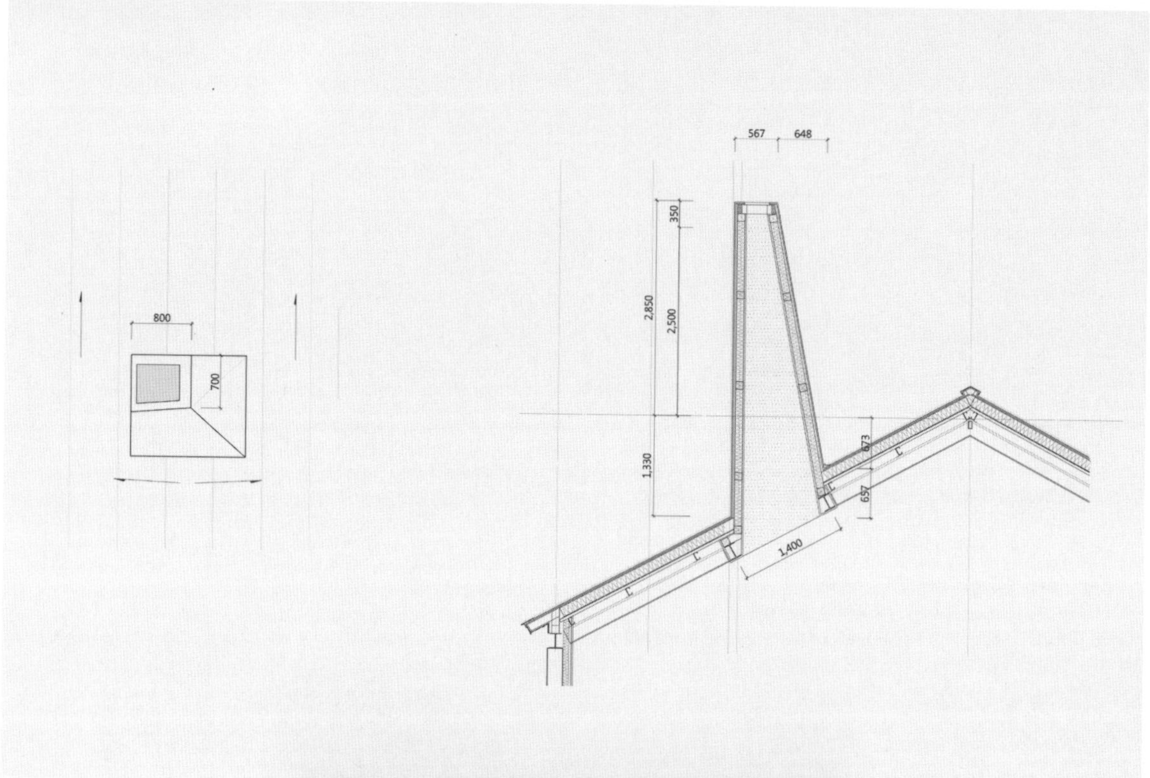
800
700
567
648
350
2,850
2,500
1,330
673
657
1,400

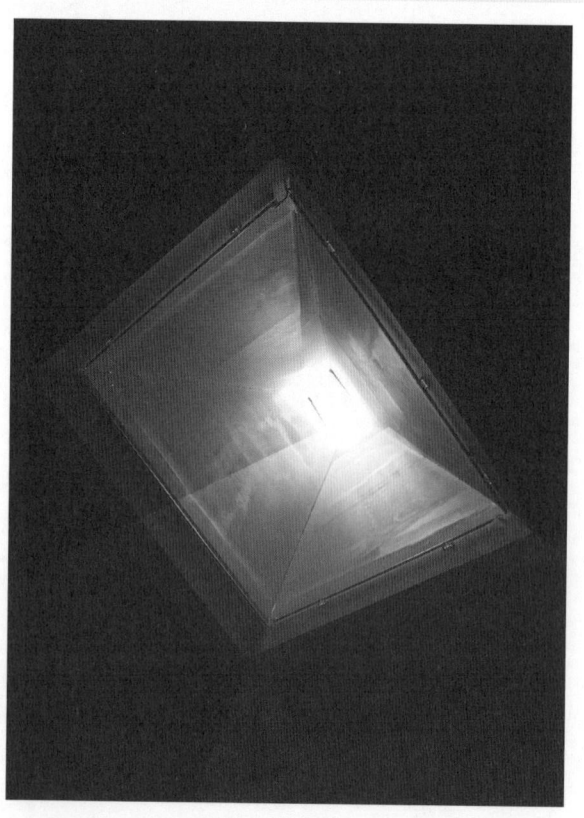

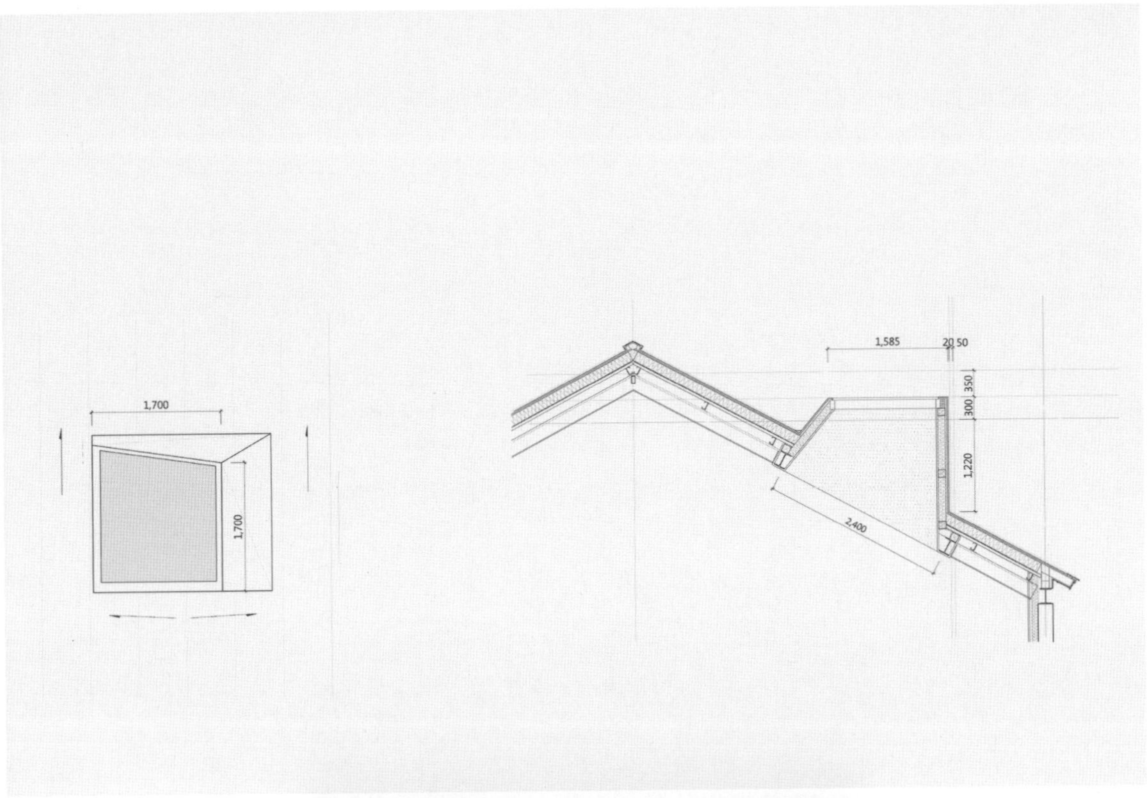
1,700
1,700
1,585
20 50
350
300
1,220
2,400

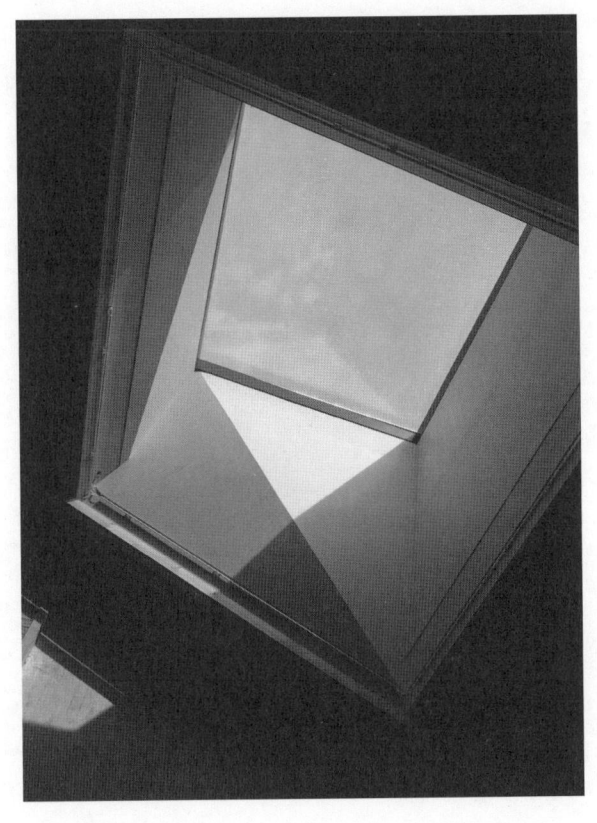

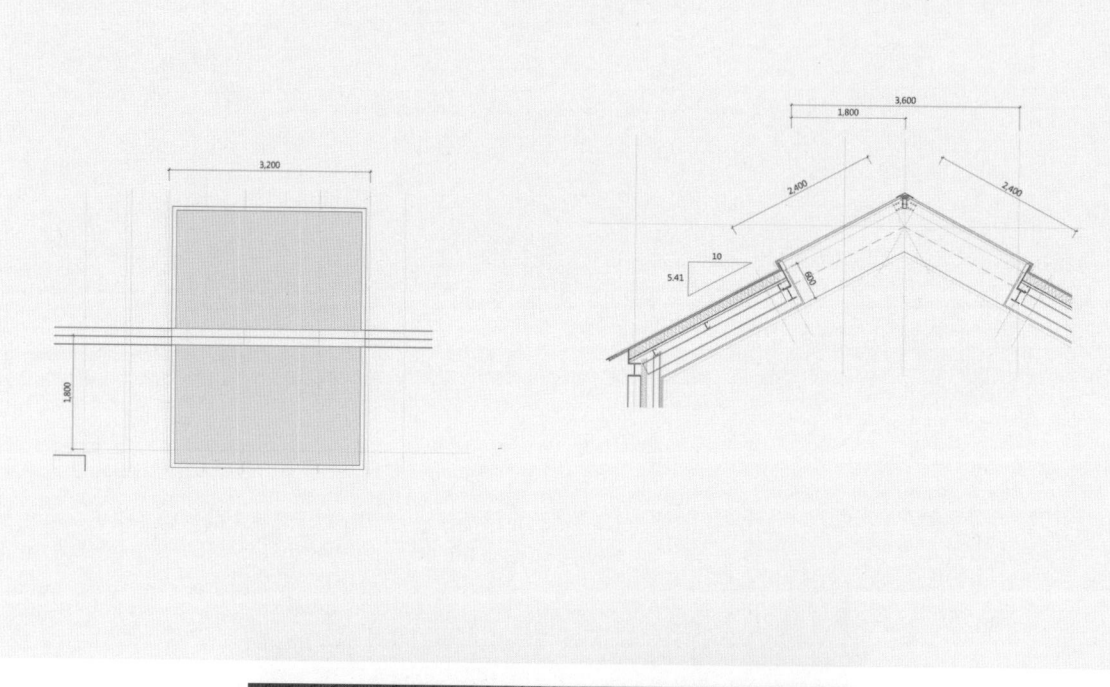

천창 서측동

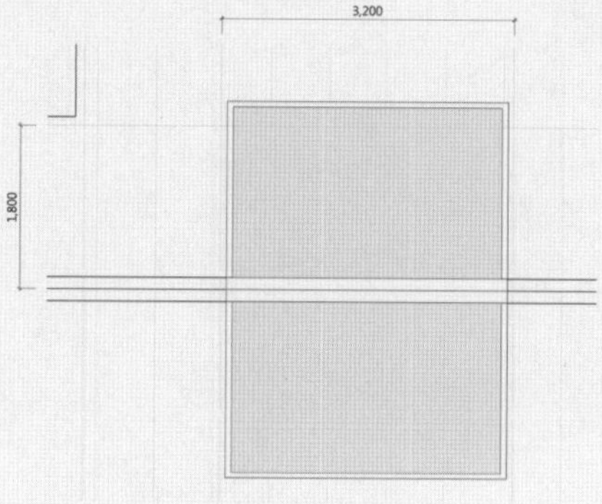

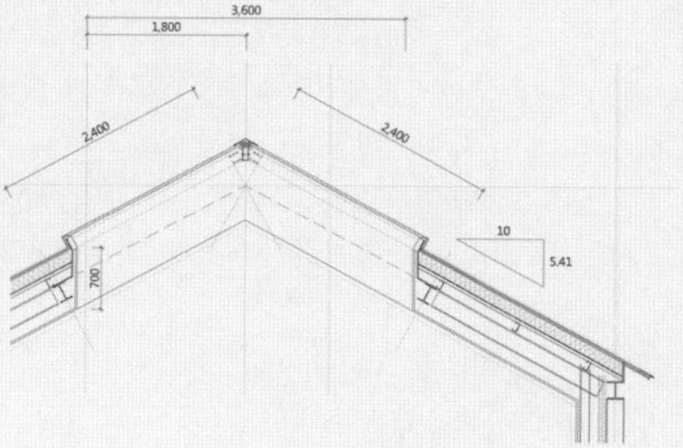

천창 동측동

JK 그런 이야기를 조금 더 넓혀가면 누구나 다 오래된 기억과 문화적인 심층의 경험들이 있잖아요. 예를 들어 서양에서 아주 두꺼운 전통 벽돌집에 사는 사람들은 대부분 열려 있는 한옥과 전혀 다른 체험을 하잖아요. 바슐라르가 이야기하는 것처럼 지하실과 다락방이 있는 벽돌집에 살았던 사람들은 공간이 폐쇄적인 반면에 오히려 바깥을 상상하게 되거든요. 보이지 않기 때문에 상상하는 것이죠. 그리고 지하실로 들어가면 어둡고, 다락으로 올라가면 밝다, 라는 빛의 특성과 함께 공간의 수직적인 축을 무의식으로 경험하면서 살아가죠. 그런 것들이 우리의 문화에서는 전혀 다르죠. 열리고 가변적으로 변화하고 수평적으로 퍼진 공간성을 가지니까요. 사람들은 누구나 자기가 살아온 문화적 토양에 영향을 많이 받게 되죠. 지금 말씀하시는 부분들은 어떻게 보면 소장님이 어린 시절의 기억에 뿌리를 두고 있을 수 있죠. 그런 부분들에 대해 이야기를 해주시죠.

YK 자연조건과 기후의 영향으로 서양과 동양의 전통건축은 서로 분명하게 다른 특징이 있습니다. 그런 특징은 그 땅의 사람과 집의 관계와 생활의 관점 차이가 되기도 하구요. 개별적인 특성은 다르겠지만 전 세계가 보편적인 건축의 시대에 살고있는 지금도 우리의 내면에는 이전과 비슷한 특징을 가지고 있는거 같아요. 자연스러운 본성이죠. 데이드림하우스 라는 제목으로 했던 전시 글의 일부 입니다. ...일상은 낮의꿈으로 연결되어 기억되고 밤의꿈은 조각으로 떠다니다 사라진다 / 꿈에 빠지면 공간은 약해지고 기억의 조각은 선명해진다 / 수많은 집을 산다 / 인생에 때에 따라 집은 여러모습으로 내 몸에 남아있다 / 몸에 기록된 기억은 미래의 또다른 집을 만들어간다 / 몸은 공간을 기억하고 그 기억은 좋아하는 장소에 대한 이미지로 햇볕의 색으로 미지의 두려움으로 남아있다 / 어떤 이미지는 너무나 견고하여 내가 기억을 하는지 상상을 하는지 더이상 알지 못한다 / 그것은 몸에 남아있는 기억이다 / 가장 큰 자연은 우리 몸에 있는 것이 아닌가...

개인적인 공간에 들어왔다가 나가는
경로에 대한 전시였어요. 우리의 꿈은
지금 어떤 공간에서 살고 있는가?
이런 질문을 하고 싶었습니다.

상하농원 수영장 Swimming Pool

대지는 상하농원 입구에서 파머스빌리지 방향으로 오르는 길에 오래된 메타세쿼이어군을 경계로 한 삼천평 규모의 부지에 위치한다. 낮은 구릉에 주차장으로 사용하던 부지와 연결하여 놀이시설이며 체육시설인 야외수영장을 계획했다.

자연 속의 연못 같은 수영장을 상상했다. 상하농원의 수영장은 자연환경의 질서를 지키고 가능한 땅의 흐름을 거스르지 않는 건축이어야 한다는 원칙을 계획의 중요한 주제로 두고 설계하였다.

진입로는 기존 대지환경을 이용하여 서로다른 세계의 레벨에서 시작하도록 계획했다. 건물의 형태와 배치는 지형과 필요기능을 해석하면서 자연스럽게 결정하고 조정했다. 수영풀의 크기와 배치는 운영방식과 요구조건의 변경으로 여러번 수정되어 초기에 자연속의 연못에 대한 상상과 물놀이의 조형은 형태적으로는 실현되지 못한 아쉬움이 있다.

서쪽 대지경계선에 매표, 스낵, 렌탈, 락카, 샤워실 등 필요시설을 두고 그 지하에 설비와 관리시설을 두어 수영장의 담장역할을 하도록 배치하였다. 사선으로 일곱채의 건물동을 어긋나게 배치하고 그사이를 비워 동쪽 언덕에서 수영장을 지나 구시포 바닷가까지 동서방향의 바람길을 만들었다. 남북으로 긴대지이고 서측에 길게 건축물을 배치하여 시간에 따라 빛과 그림자의 방향이 달라지면서 그늘이 생기고 서로 다른 공간의 인상이 만들어진다.

건물은 농촌의 창고, 집짓기에 사용되는 단순한 구조와 회랑으로 설계했다. 일정한 기간에만 사용하는 건물의 특성상 에너지 사용을 최소화하는 기반시설을 두었다. 대지 전체에 바닥 포장을 최소화하고 그늘이 되는 나무와 녹지를 두어 가능한 기존의 지하수 체계를 유지하도록 계획했다. 주변의 붉은 황토를 이용하여 옹벽과 바닥마감재료로 사용하였다. 아무리 친환경적인 건축 방식과 재료를 사용하더라도 건축행위 자체는 자연환경에 대한 훼손을 전제에 두고 계획할 수 밖에 없다. 기존 대지의 질서를 거스리지 않고 최소화하려는 노력이 중요하다고 생각한다.

천천히 자연이 움직이는 속도를 기다리면서 그 곳에 있었던 환경처럼 자연스러운 수영장 Natural Pool으로 자라는 풍경을 상상한다.

Location: Jaryoung-ri, Sangha-myeon, Gochang-gun, Jeollabuk-do, Korea
Program: Swimming pool
Area: Site area 9,542㎡, Bldg. area 784.91㎡, Gross floor area 1,242.04㎡
Building scope: Ground floor, Basement floor
Building height: 4.70m
Year : 2018-2020
Client: Sangha Farm CO.
Photography: Rohspace

고유한 분위기, 기억

JK   살아오면서 체험한 실제의 추억과 기억은 공간을 만드는 건축가와 디자이너에게는 정말 근본적으로 중요한 문제인 것 같아요. 건축가나 예술가가 아니더라도 누구나 깊은 내면으로 들어가 그 속에 자리한 기억과 무의식을 발견할 수 있지요.

YK   저는 누구나의 어린시절이 그의 일생에 가장 중요한 어떤 부분을 구성하고 있다고 생각합니다. 유전과학에서도 인간의 타고난 DNA와 함께의 개인의 특성을 형성하는 시기를 문자를 익히기 전인 7세까지라고 하지요. 무엇을 만드는 사람은 그가 만드는 것이 그 만드는 사람과 절대 무관할 수가 없는 것이죠. 공간은 건축은 지극히 물리적인 관계속에서 현실적인 재료와 형태로 만들어집니다. 가장 중요한 것은 장소가 가진 고유함이라고 생각합니다. 그 고유함은 설계자에게 있는 것이지요. 무언가를 만드는 몇 사람들에게 삶에서 가장 중요하게 두는 단어가 무엇인지 질문을 한 적이 있어요. 교수님께서도 답을 주셨지요. 신념, 균형, 아름다움, 꿈, 행복, 사랑, 즐거움, 감동, 진실, 존중, 평안... 모두 다른 단어를 보내셨어요. 저는 답을 쉽게 떠올리지 못하고 있었는데 '고유함'이라고 할 수 있겠어요.

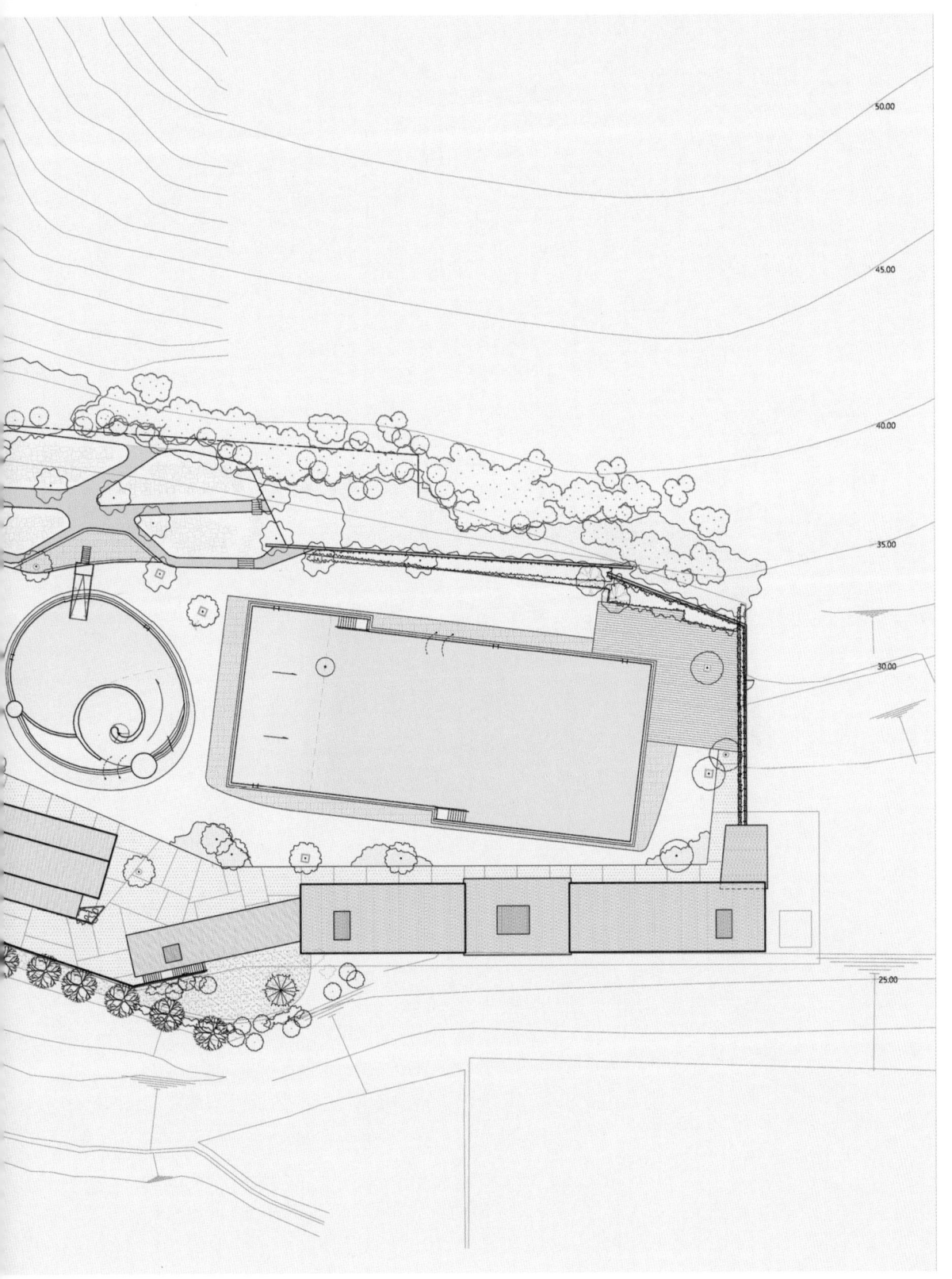

Site plan

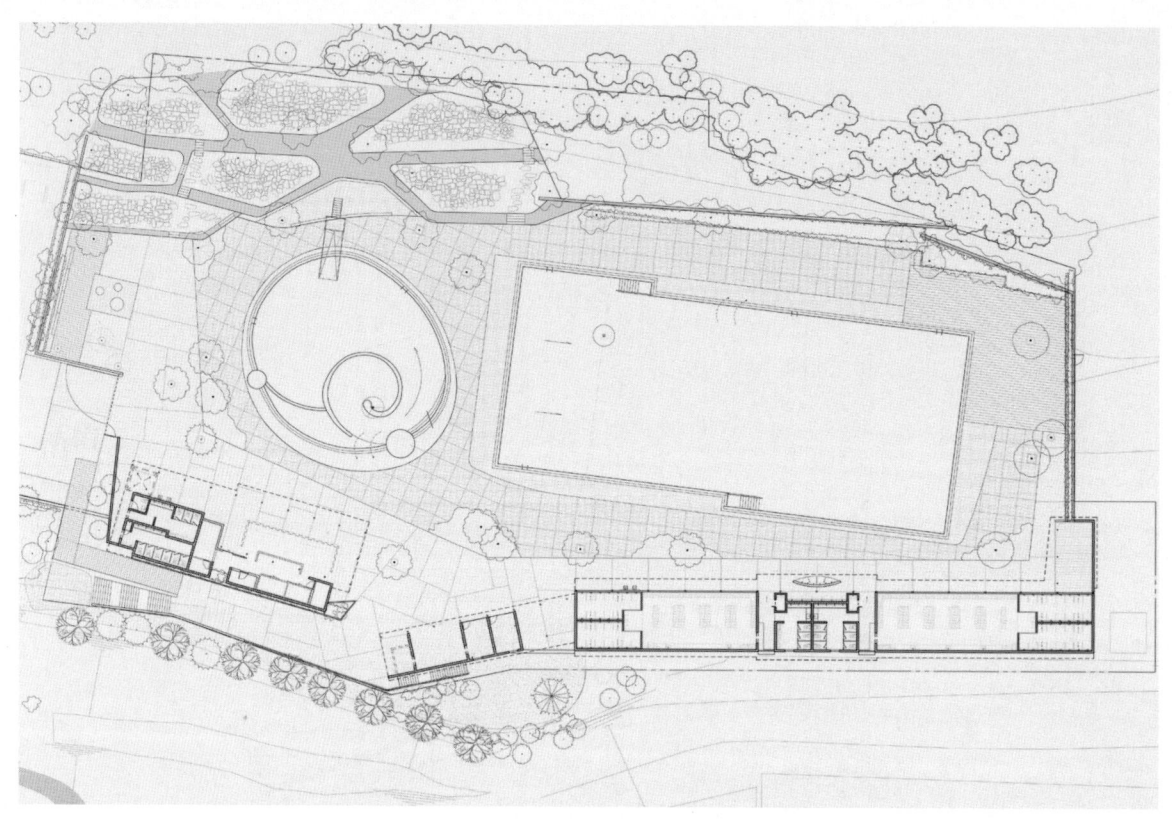
Ground floor plan

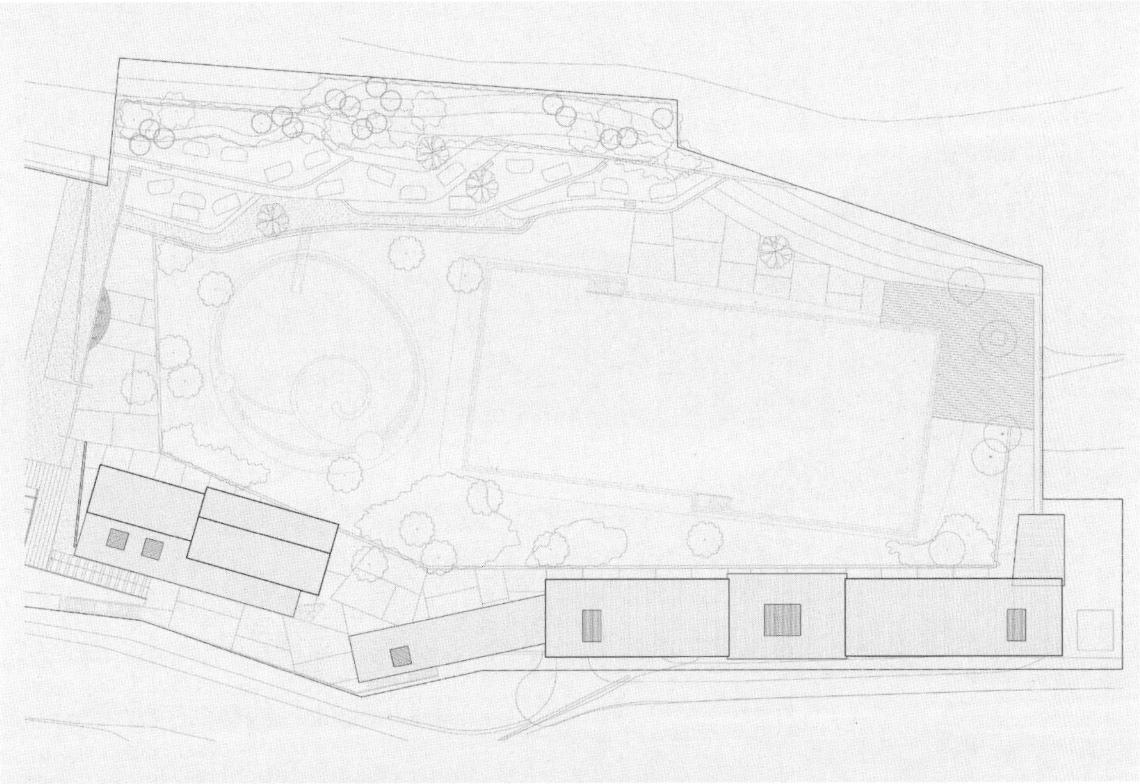

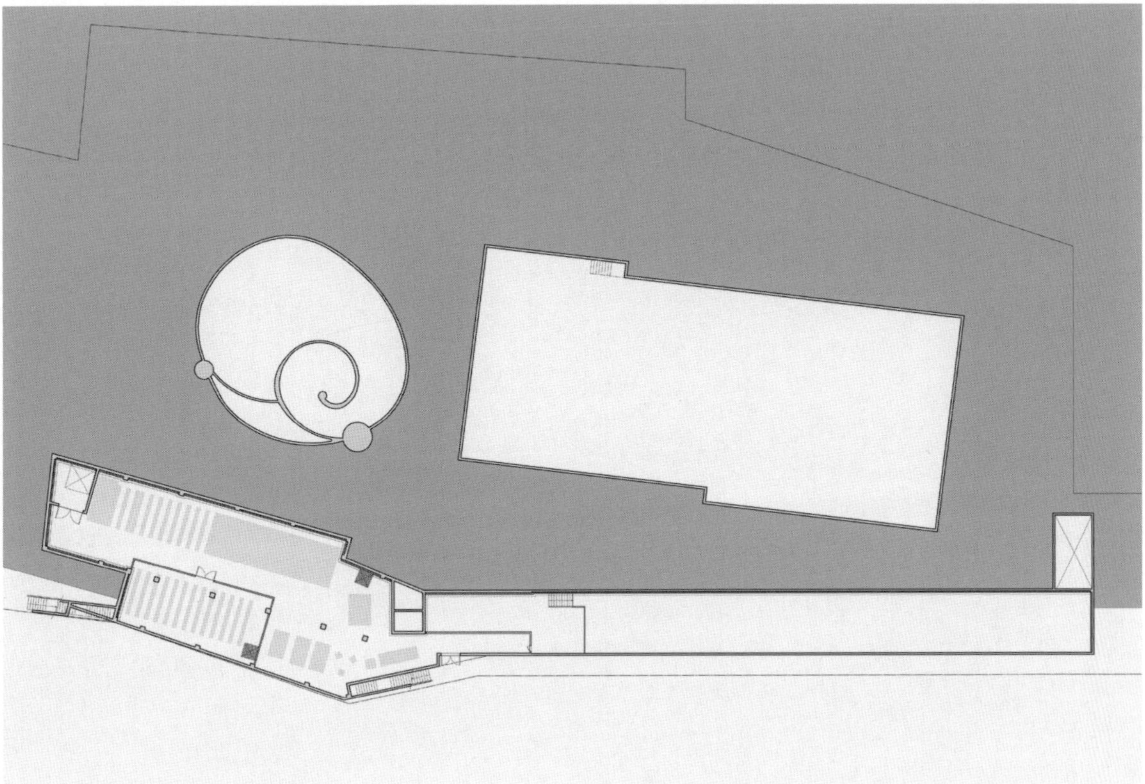

Roof plan, Basement floor plan

JK   결국 공간이라는 것은 개인적인 차원을 넘어 모든 현상이 합쳐지고 하나의 장소가 되고 자연의 일부가 되지요. 아까도 언급했지만 객실에서 제일 구석에 앉았을 때, 굉장히 어둑한 공간에서 점층적으로 바깥쪽으로 밝아지면서 외부 세계로 나아가는, 그래서 하나가 되는. 그리고 반대로 밝은 빛이 테라스를 지나 점점 나에게 다가오면서 부드럽게 어두워지는… 그 어느 하나 나눌 수 없는 공간의 연속적인 체험이 중요하죠. 공간의 현상은 그와 같은 것이죠. 나와 세상이 하나 된 현상의 덩어리. 저는 그 연속적인 느낌을 체험할 수 있어서 좋았어요. 결국 거기서 느끼는 것은 안과 밖이 칼같이 나뉘진 것이 아니고 하나의 총체적인 현상이라는 것이죠. 철학자 마틴 하이데거가 하나의 건축물은 장소를 결집한다, 라는 말을 했거든요. 예를 들어, 하나의 다리가 있음으로 사람이 강을 건너 이동하기도 하지만, 멀리서 접근하는 사람들이 볼 때는 자연에 지어진 구축물로 주변 장소와 조화를 이룬 어떤 이미지로서의 역할을 하기도 하지요. 즉 인간의 행위가 개입하여 특정 장소를 결집한다는 말이죠. 저는 상하농원 객실에서도 고창 들판의 풍경이 내 방 안으로 들어왔다가 또 다시 나가는 느낌이 받았어요. 그렇게 보면은 장소와 건축의 관계는 분리할 수가 없지요. 바이오필리아라는 말에서 필리아라는 단어가 사랑이라는 뜻을 가지지요. 자연을 사랑하는 것이 핵심이지요. 자연에서 가져온 형태에 대한 모사가 아니고, 자연처럼, 아니 자연 속에서처럼 '존재하는 모든 것은 연결되어 있다.'는 것이죠. 이것이 사실 소장님이 건축을 통해서 하고 싶어하는 메시지이자 또 궁극적인 목적인 것 같습니다.

YK   정리해서 말씀해 주셔서 감사합니다. 경계에서 떠돌며 흩어지며 모아지지 않는 사고의 방식이 이제 정리되어야 할텐데요. 건축물을 작품이라고 하거나, 건축을 보고 감동하게 되는 경우는 매우 드물어요. 건축이 되어온 시간, 서 있는 자리, 그 하늘, 그 숲, 내부의 빛, 공간을 만나는 길, 경로, 그런 기억들... 자연은 그 모두에 있어요. 문명은 우리에게 자연을 교육하고 인공은 자연의 존엄을 가르친다는 말이 있지요. 그러니까 건축된 인공적인 것을 자연적인 것으로 혼동해서는 안 된다고 생각해요. 우리 내부의 진정한 자연성은 자연과 인공 사이의 조화와 질서에 있는 것이지요. 그 질서를 가만히 읽고 그리는 것이 좋은 건축이 가져야하는 힘이겠지요.

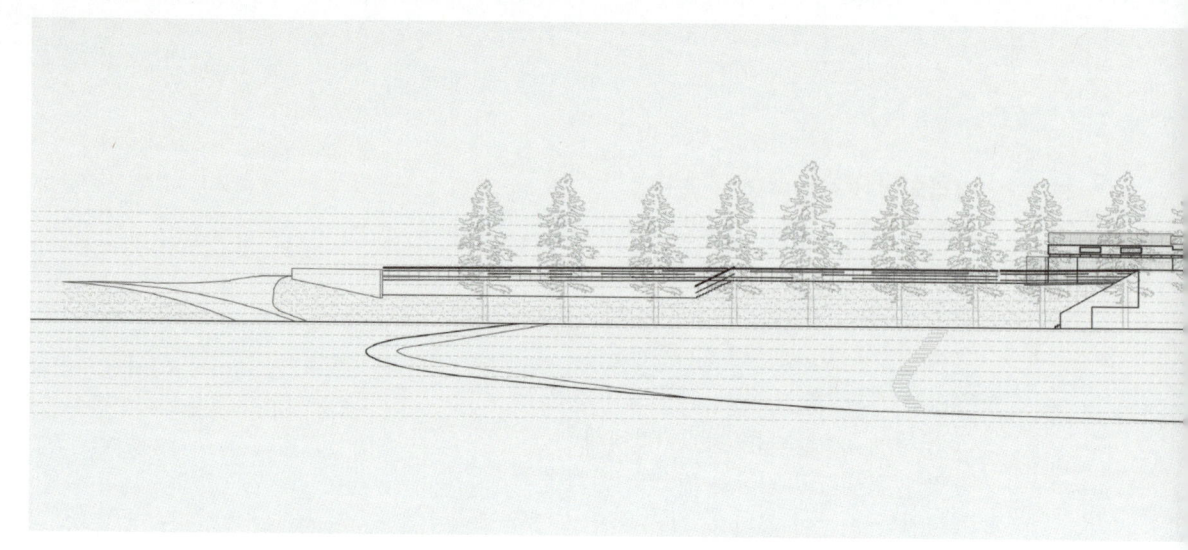

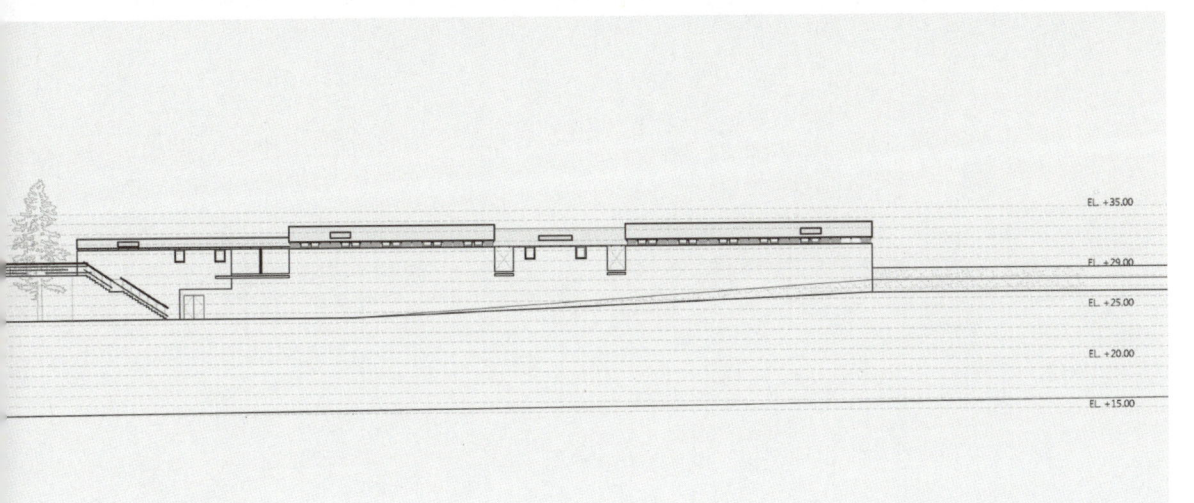

Site elevation, Sktech

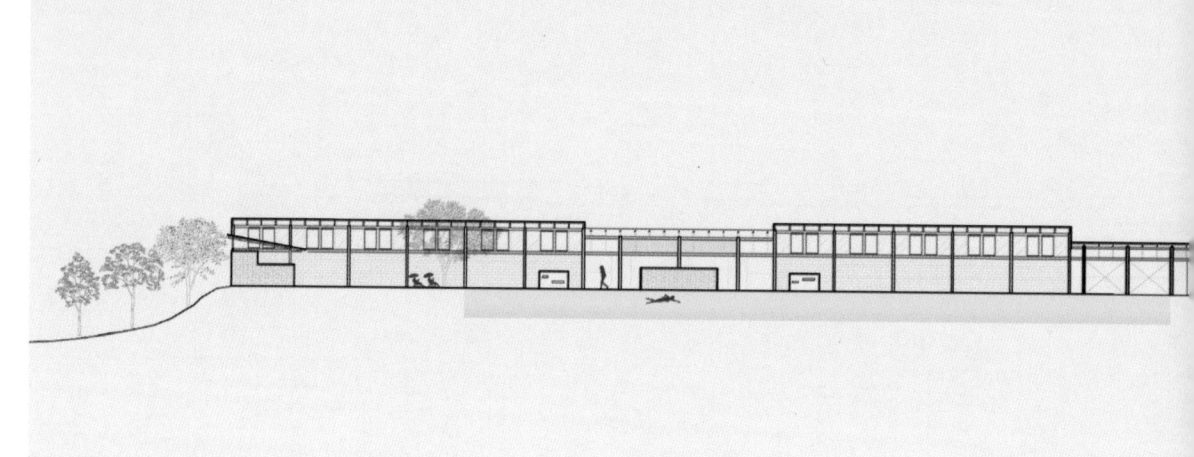

East elevation, North elevation

JK 소장님의 건축작업이 한국에서의 경험뿐만 아니라 외국에서 가졌던 경험들에도 영향을 받고 있나요? 예전에 안식 기간을 가지면서 포르투갈에서 지내셨죠?

YK 리스본에서 일년 정도 지냈어요. 유럽의 대부분 도시를 여행했지만 리스본은 특별히 아껴두었던 도시였습니다. 포르투갈과 리스본은 언젠가 살고 싶은, 혹은 그렇게 될거 같은 곳이었어요. 정확히 설명하기는 어려운 이유가 있었고, 대학 때 부터 좋아하는 건축가인 알바로 시자의 나라이기도 하고, 페르난도 페소아의 도시이기도 해요. 그때가 2011, 2012년이었는데 백년전 페소아가 그의 책 ‹불안의 서›에서 묘사한 리스본과 거의 같았어요. 대단한 시간이었습니다. 몇 해 전 도시재생과 젠트리피케이션으로 리스본이 변하고 있다는 다큐멘터리를 본적이 있어요. 여행자로 다시 돌아가고 싶은 곳입니다. 이 시대 마지막 모더니스트라고 일컬어지는 알바로 시자와의 만남도 저에게는 중요한 사건이었어요. 시자선생님이 서울에 오셨을 때 제가 설계한 전시장에서 그의 가구 전시를 했었고 그 때 처음 인사를 하게 되었어요. 알바로 시자는 건축적 주장이나 아티클이 거의 없습니다. 다른 유명 건축가와는 다르지요. 그냥 잘 만든다고 생각해요. 순수하게 직관적으로. 건축에서 천재는 없다고 하지만 시자는 그와 비슷해요. 시자 건축이 가지는 공간의 분위기와 경로의 인식은 그만이 할 수 있는 건축입니다. 그의 건축에는 세상을 대하는 진지한 자세와 자신의 내면으로 향한 자유로움이 함께 있어요. 노 건축가의 낮고 울림 있는 소리가 있어요. 고유한 건축.

JK 여행은 항상 낯선 장소와 시간에 나를 내던지는 긴장과 울림이 있지요. 그게 여행의 매력인 것 같아요. 포르투갈에서 시자 선생님도 만나고 좋은 경험을 많이 하셨네요. 예전에 유학할 때 라파엘 모네오 건축가의 수업을 들었는데, 모네오 선생님이 시자 건축에 나타난 빛과 공간을 극찬하곤 했습니다. 그때의 기억이 나네요. 조금 다른 이야기를 이어가보겠습니다. 비슷한 시기에 낙원동호텔과 상하파머스빌리지를 작업하셨더라구요. 하나는 도심, 하나는 전원. 대지도 그렇고 결과물이 매우 다른 프로젝트들인데 작업을 진행하면서 어떤 생각을 가지셨나요?

YK 상하파머스빌리지가 자연과 기존 환경과의 관계를 읽고 새로운 맥락을 제안하는 컨텍스트가 중요한 건축이라면 낙원동호텔은 설계과정에서 운영방식에 따른 기획과 스타일을 결정하는 명확한 컨셉이 중요한 상업건축이라고 할 수 있어요. 낙원동호텔은 2014년에 설계를 시작해서 2016년에 착공했다가 중단하고 여러차례 설계변경을 거쳐 2019년 말에 완공된 프로젝트입니다.

낙원상가와 삼일대로를 사이에 두고 인사동길로 이어지는 4차선 도로에 면해 있어요. 주변에는 1920년대에 서민 주거단지로 형성된 익선동 한옥마을이 있고, 1960년대 지어져 서울의 근대 문화와 역사의 다양한 이면을 담고 있는 낙원상가와 1900년대 탑골공원이 가까이에 있는 독특한 정서가 혼재되어 있습니다. 서울을 경험하는 여행객에게는 무척 매력적인 환경이지요. 지금의 익선동은 강북에서도 가장 트렌디 한 지역이 되었지만 설계를 시작한 2014년에는 빈집이 많았고 몇몇 곳에 카페가 생기기 시작하고 있었어요. 호텔이 완료된 2019년까지 서울 중심의 도시재생과정과 익선동의 자생적인 변화과정을 지켜볼 수 있었습니다. 낙원동호텔이 이전 시대에 이상향이었던 일상을 표현하는 작업이라면 상하프로젝트는 이전시대에 일상이었던 이상을 찾아가는 작업이라고 설명할 수 있겠습니다.

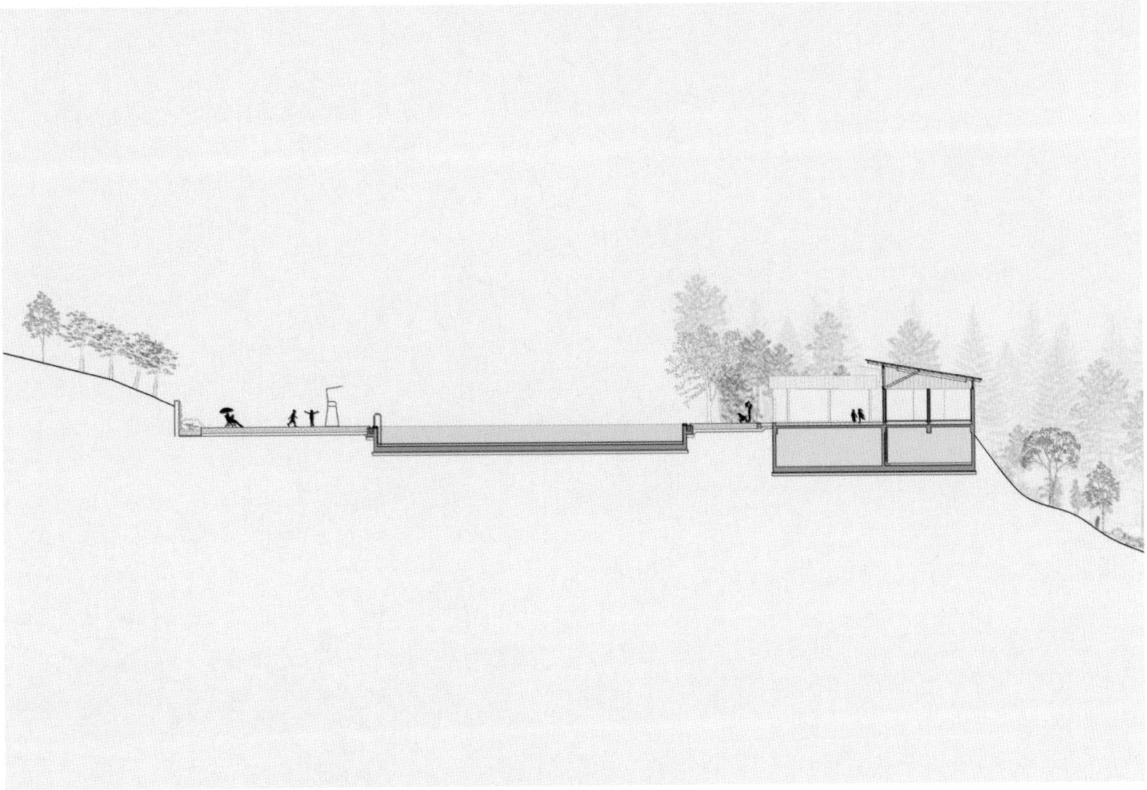

Cross section

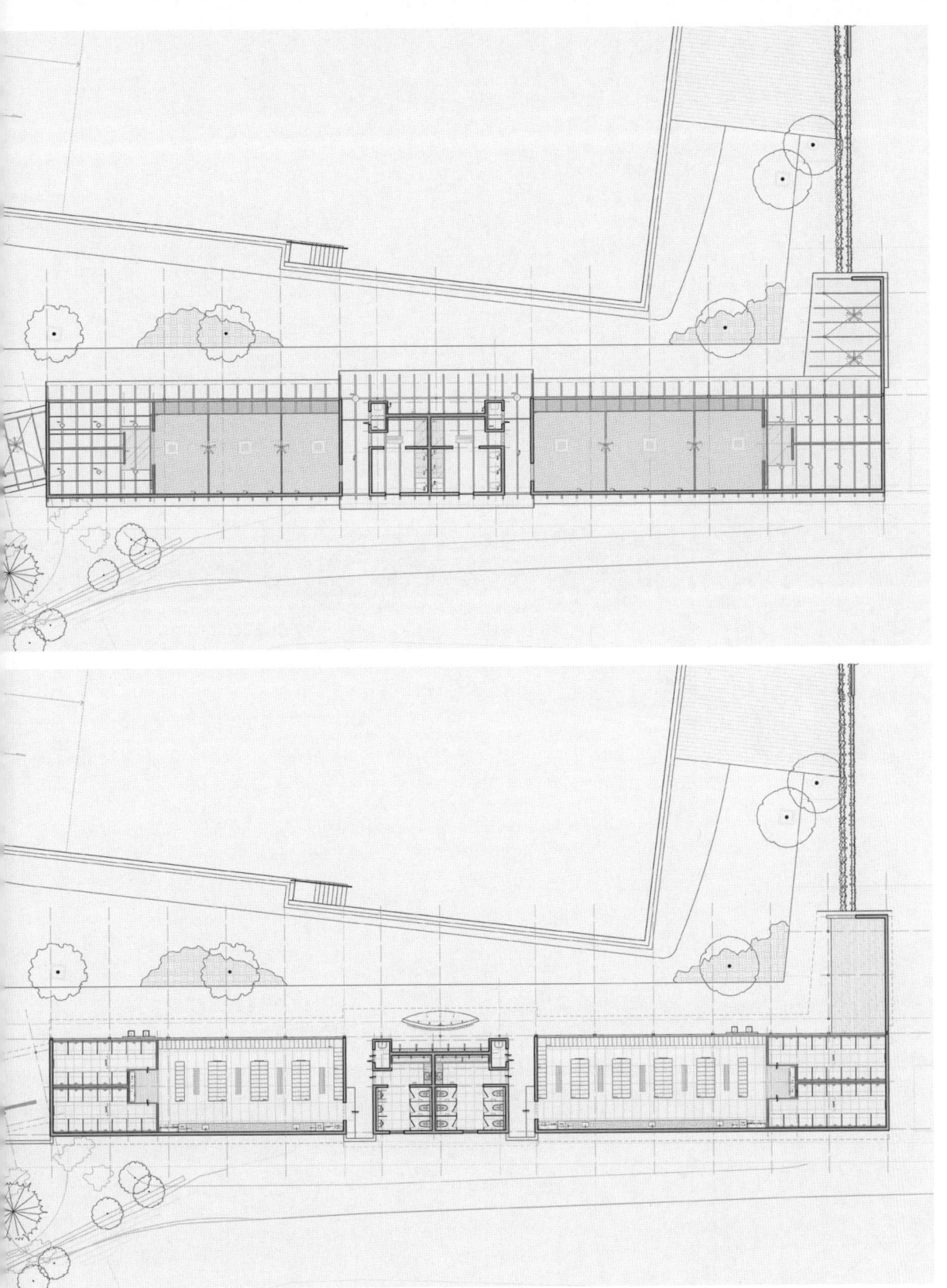

Ceiling plan, Floor plan

JK   그러면 이제 앞으로 소장님의 건축의 방향은 어떻게 흘러갈까요? 건축은 길게 보고 가야하는 분야입니다. 평균수명도 늘어가는 사회문화 속에서 소장님이 그리는 앞으로의 건축가 김영옥의 모습이 궁금합니다.

YK   저는 개인적이고 내향적인 사람이라고 할 수 있어요. 오랜 기간 일을 하면서 가지게 된 직업적 태도는 있겠지만 소통, 웅변, 설득에 서툴어요. 가까이 두는 책도 대부분 백년전 쯤 쓰여진 책이 많아요. 세상의 변화보다는 변하지 않는 현상에 대한 관심을 두는 편이지요. 초기에 일들은 개인적이거나 소수를 위한 작업이 많지만 최근에는 사회적이고 문화적인 관계에 대해 협업하고, 공공의 미래를 고민하면서 하는 사회적 프로젝트가 많아졌어요. 개인적으로는 미래에 대한 계획은 없어요. 언제나 큰 목표나 긴 계획은 없었던거 같아요. 그때 하고 있는 프로젝트와 관련된 건축과 땅과 사람과 그로인해 계획하고 공부하고 만들고 배워요. 생물학, 식물학, 기후학에 대한 관심이 많아졌고 더 공부하려는 계획을 하고 있어요. 천천히 작업하고 싶어요. 조심스럽지만, 언젠가는 오래도록 남아있을 완성된 건축을 남겨두고 싶다는 바람은 있어요. 아직은 모든 게 부족하지만 일을 하면서 삶을 살고 그 삶의 내용을 스스로 만드는 일이 건축이고 그 일로 세상과 만납니다. 그것이 제가 잘할 수 있는 일이고 건축을 하는 이유라고 생각합니다.

JK   오늘 다양한 이야기를 나누어보았네요. 상하프로젝트를 주로 이야기 나누었지만 그 속에서 소장님의 어린 시절과 내면의 이야기까지, 그리고 건축가로서의 의지와 생각도 들어볼 수 있는 좋은 기회였습니다. 감사합니다.

Interviewer: 김종진

깊은 빛 속에서 삶과 공간과 자연이 조화롭게 어우러지는, 세월의 흔적이 자연스레 아로새겨지는 건축을 꿈꾼다. 그러한 건축이 내면을 울리고, 하나의 문화를 만들 수 있음을 믿는다. 영국 건축협회 건축학교(AA SCHOOL)와 미국 하버드대학교 디자인대학원 건축과를 졸업했다. 뉴욕과 런던의 여러 사무소에서 실무를 쌓고 2004년부터 건국대학교 건축전문대학원 교수로 재직 중이다. 공간 설계와 공간 예술을 가르치며 이론 연구와 디자인 실무를 병행하고 있다. 『공간 공감』(2011), 『미지의 문』(2018), 『그림자의 위로』(2021)를 출간하였다.

상하농원 프로젝트 Sangha Farm
드로잉 Drawings

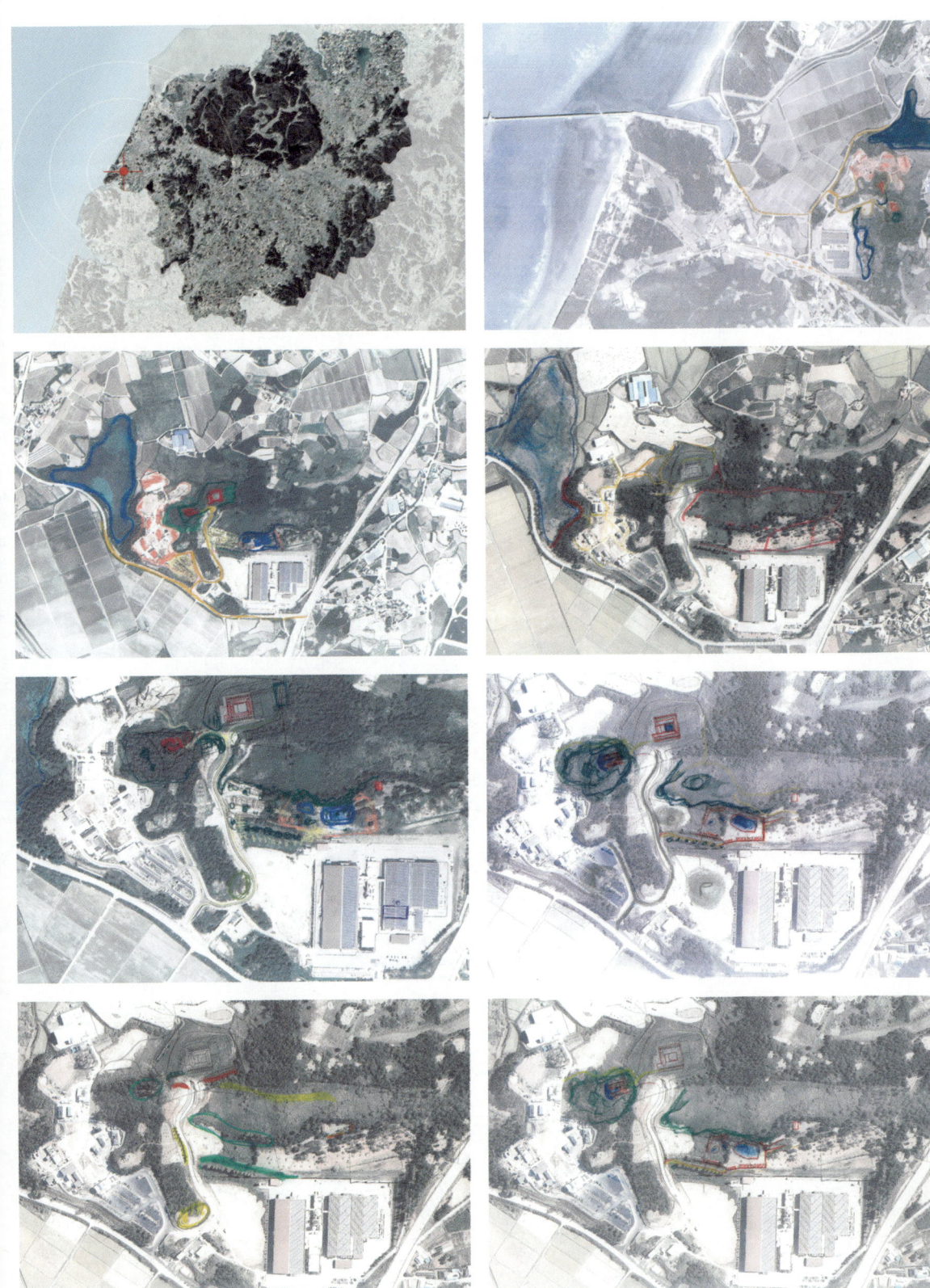

환경은 사물의 영혼이다. 모든 사물은 자신만의 표현을 가지며, 그 표현은 사물의 외부로부터 사물에게로 온다. 모든 사물은 세 줄이 교차하는 지점이다. 그 세 개의 줄이 사물을 형성한다. 일정 분량의 질료, 우리가 사물을 지칭하는 방식, 그리고 사물이 자리 잡고 있는 환경.

— F. Pessoa 1930

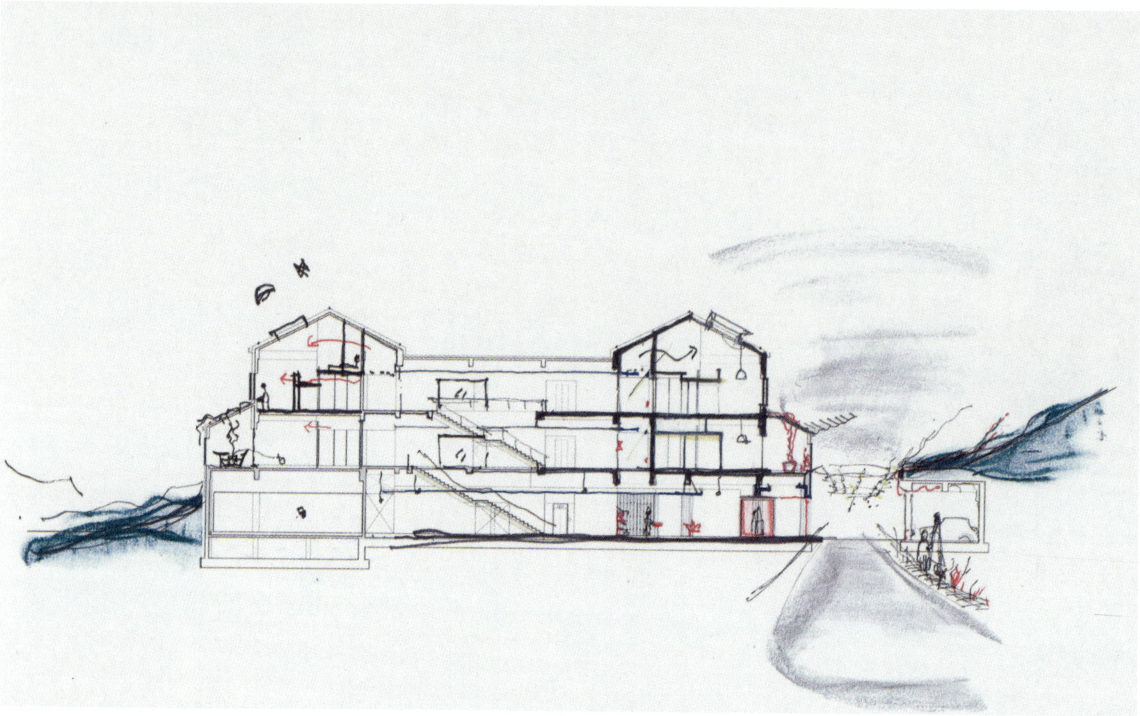

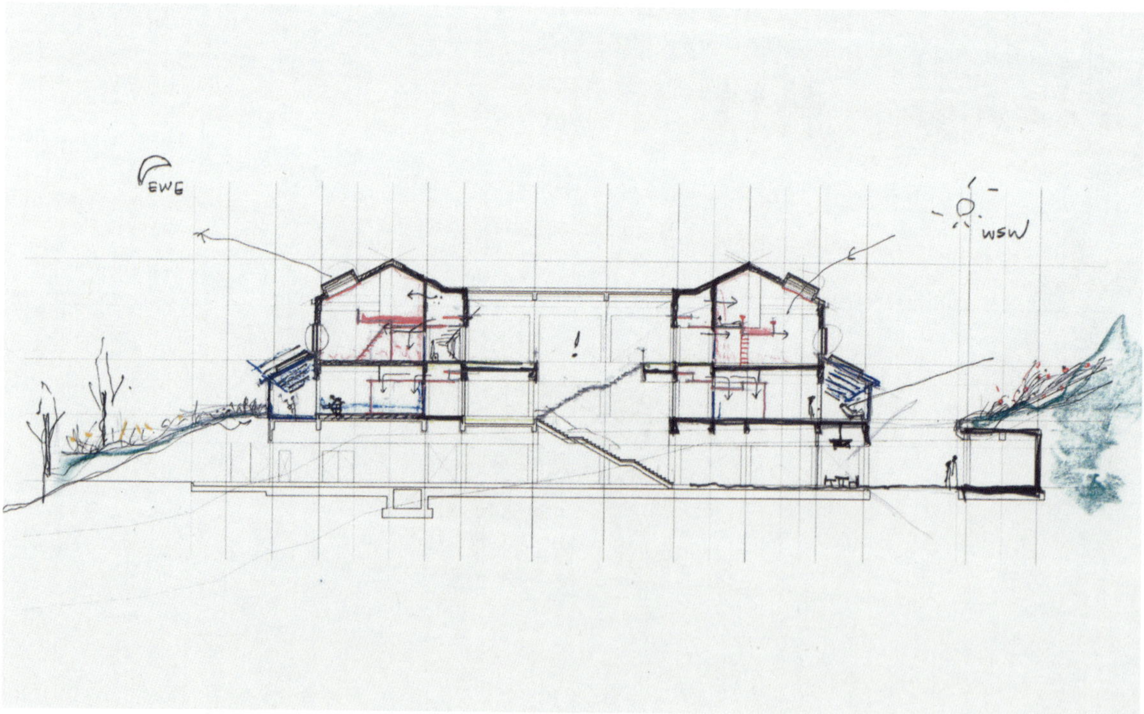

매일 정원 일을 하기로 마음먹었다. 정원 일은 내게는 고요한 명상, 고요함 속에 머무는 일이었다. 그것은 시간이 멈추어 향기를 풍기게 해주었다. 땅은 생명 없이 죽어 있는, 말 못하는 존재가 아니다. 오히려 능변의 생명체, 살아 있는 유기체다. 돌조차도 살아 있다.

— 한병철 2016

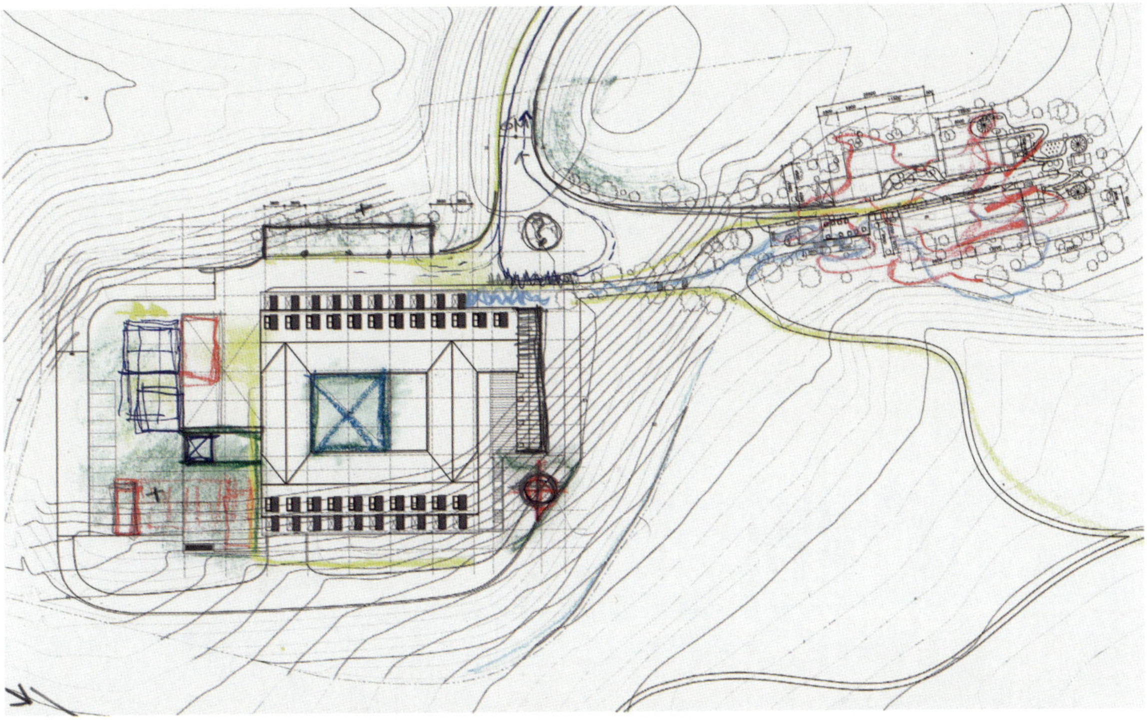

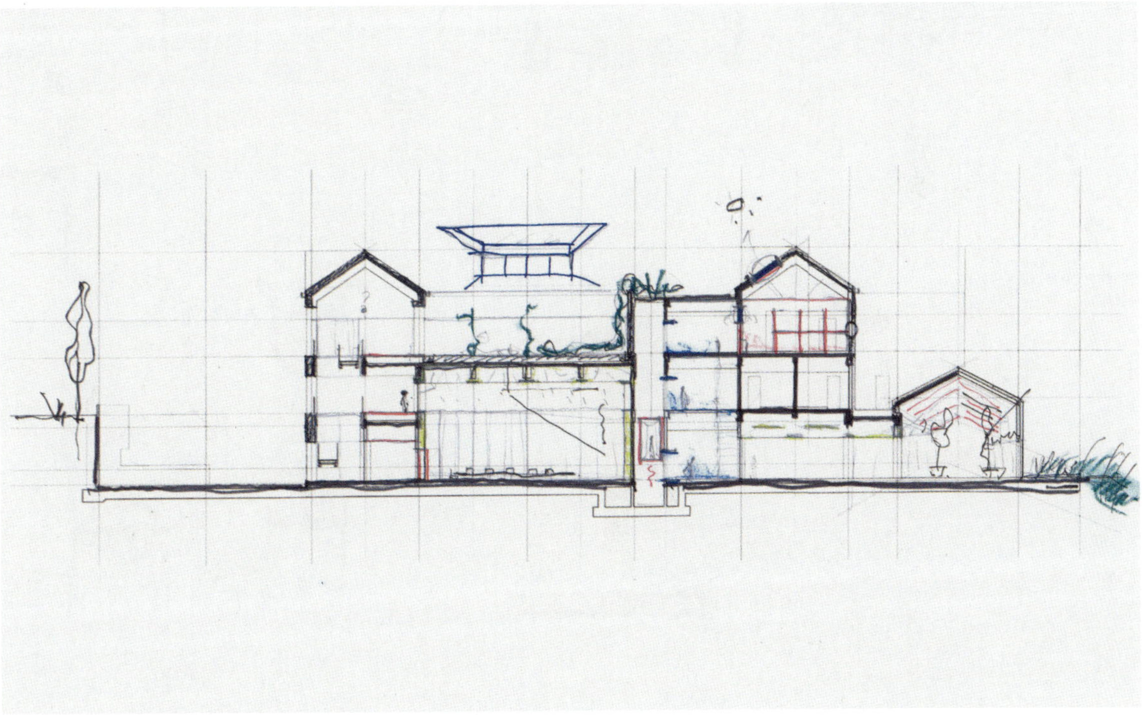

식물과 동물은 우리의 옛날 모습, 앞으로 되어야 할 모습이다. 우리는 그들처럼 자연이었으니,
우리의 문화가 우리를 이성과 자유의 길을 통해 자연으로 도로 데려가는 것이 옳다. 식물과 동물은
우리에게 영원히 가장 소중한 것으로 남아 있는, 우리 잃어버린 어린 시절을 나타내는 것이기도 하다.
그래서 그들은 우리를 특별한 우수로 가득 채운다.

— F. Schiller 1785

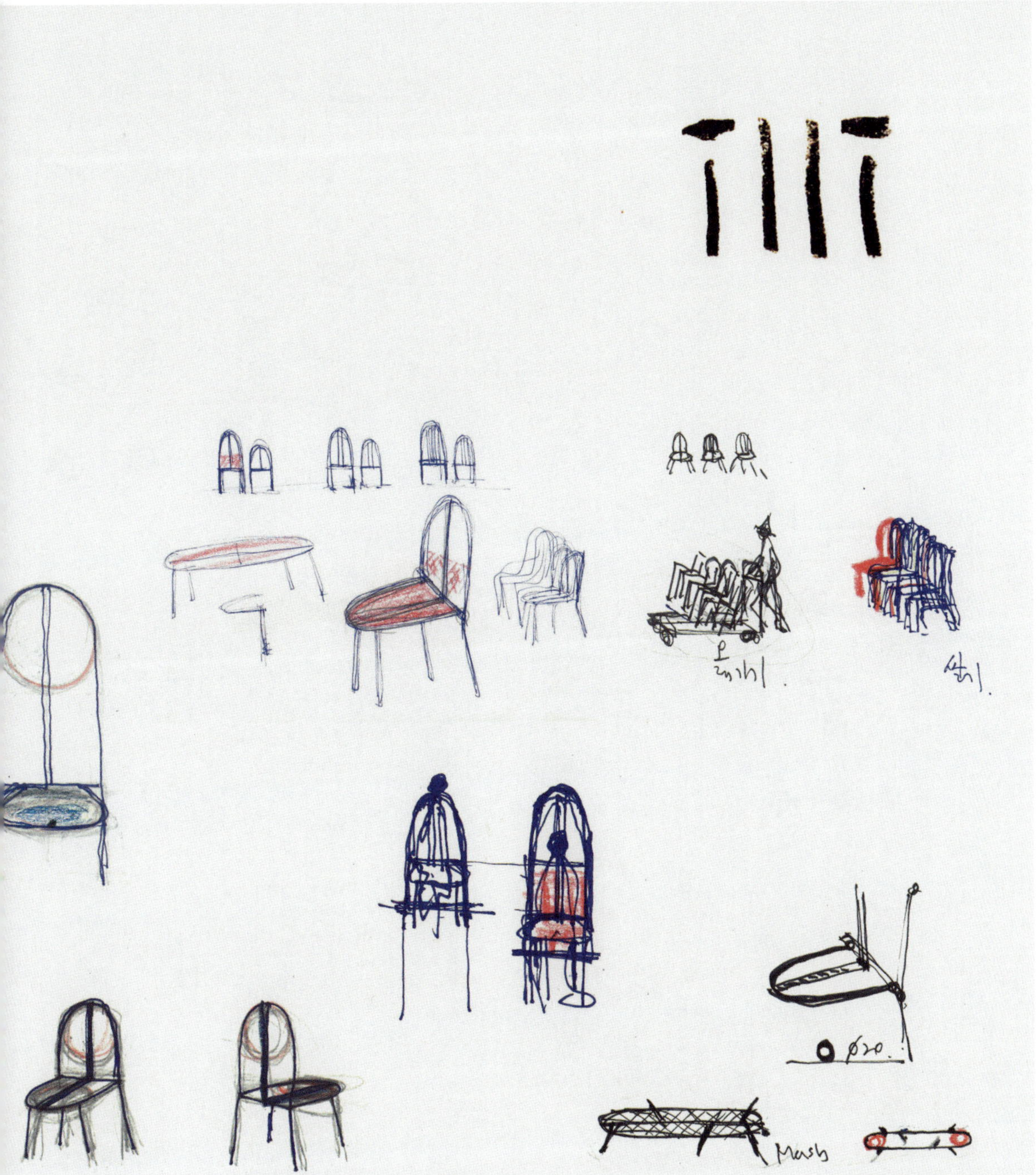

생태학이란 자연의 관계에 관한 지식체계다. 동물이 무기 및 유기 환경과 맺는 관계에 대한 고찰을 말하는데, 여기에는 다른 동물과의 직접 간접적인 접촉뿐만 아니라 식물과 맺는 우호적이거나 적대적인 관계도 포함된다. 모든 형태의 자연이 성스럽다. 무기물에는 결정 영혼이 있고, 생명체에는 세포 영혼에서 포유류의 의식에 이르기까지 다양한 수준의 영이 있다.

— E. Haeckel 1900

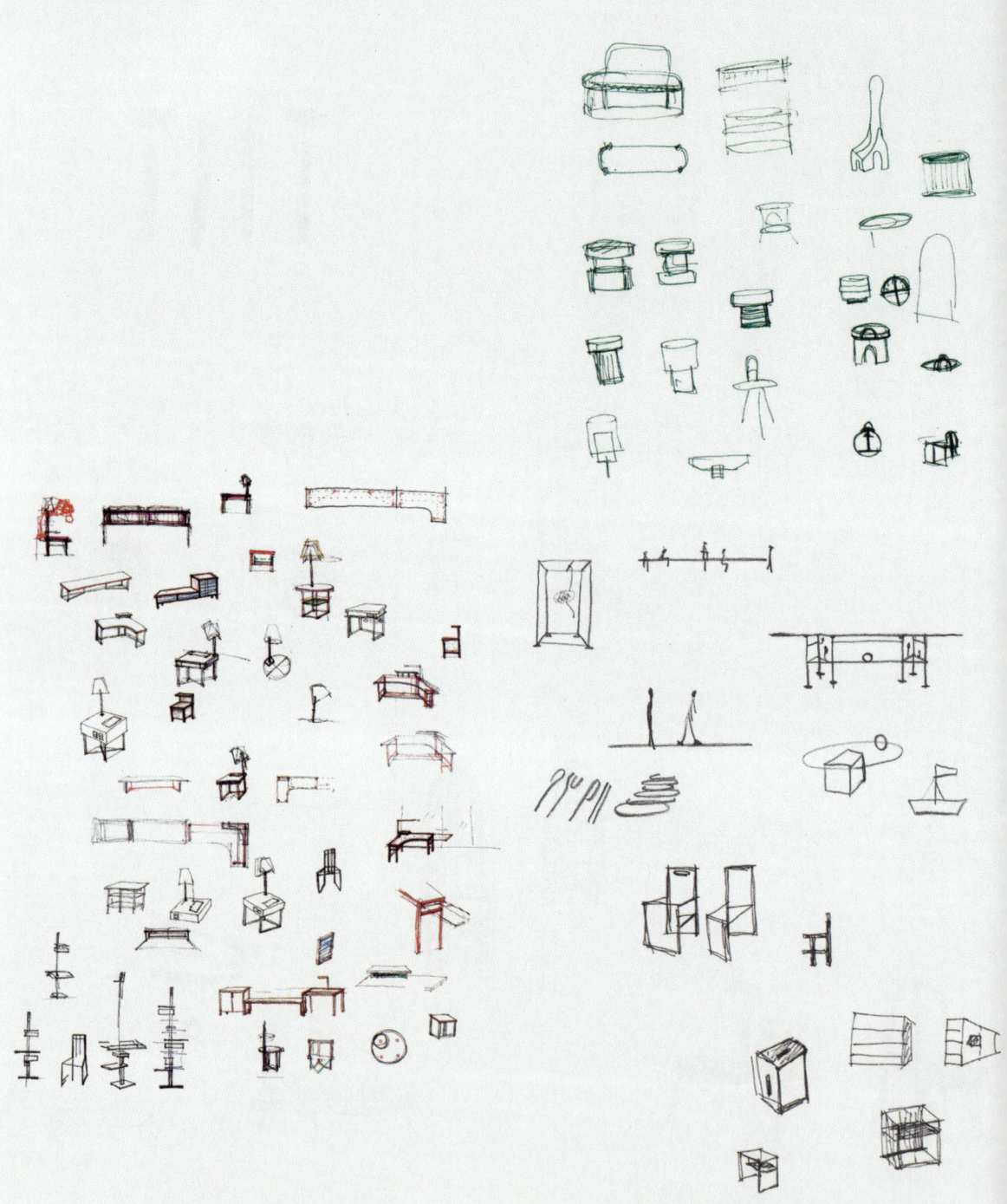

자연주의자는 문명화된 사냥꾼이다. 자연주의자는 들판이나 숲에 혼자 가면 그 시간과 장소 외의 모든 것은 잊어버린다. 자연주의자는 작은 곤충의 기묘한 움직임, 이 곤충들이 가장 잘 보이는 햇빛의 각도, 이 곤충들이 앉아서 경련을 일으키며 빛을 내고 있는 나무줄기에 낀 이끼의 정확한 모양을 관찰한다. 그는 이따금 흙냄새와 식물 냄새가 나는 현재의 인상을 이성적 사고로 해석한다. 고대의 후각뇌가 현대의 대뇌 피질에게 말한다.

— E. Wilson 1984.

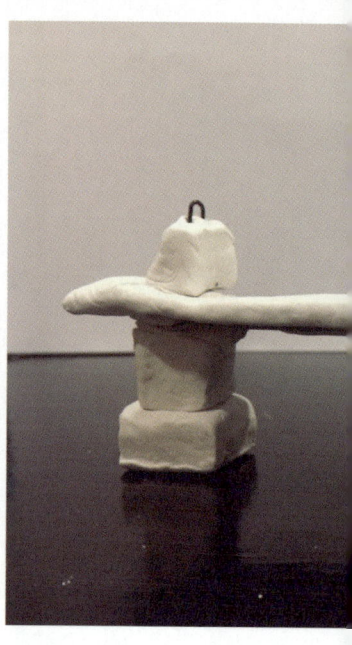

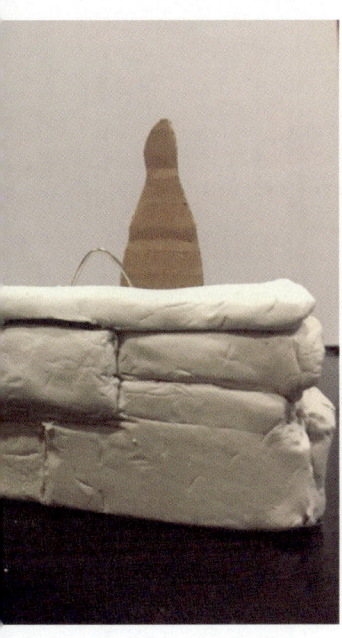 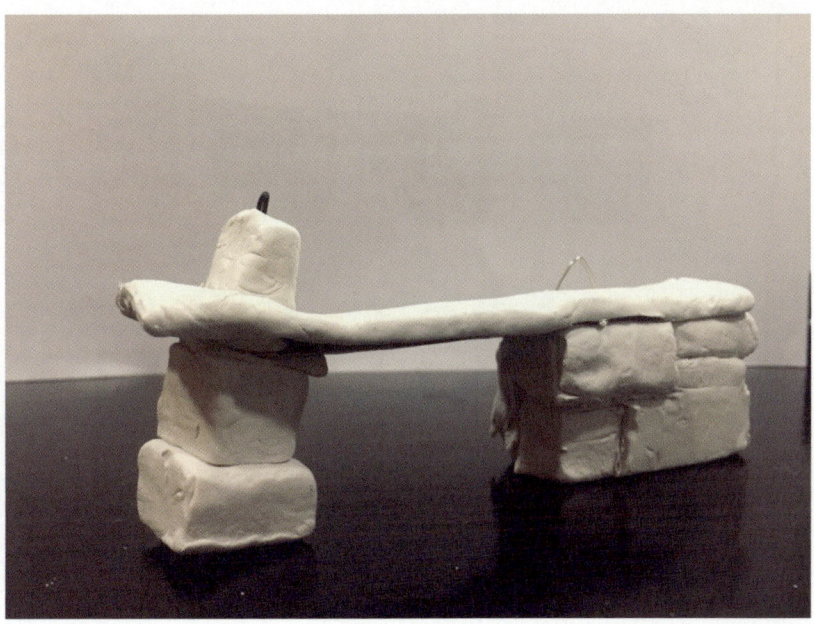

사유는 숲길 즉, 검은 숲 속 나무꾼의 길을 따라 걷는 것과 같다.
걷거나 생각할 때 자신이 올바른 길을 가고 있는지 확신을 갖는 것은 어려운 일이다. 가장 확신이 드는 길을 따라 돌아가고 숲에서 분명하다고 보이는 방향을 찾는 것이다. 조직된 시스템이나 논리적인 절차를 밟지 않는다. 어떻게 '인간'이 시적으로 거주한다고 말할 수 있을까? 모든 거주는 시적인 것과 모순되지 않는가?

— M. Heidegger 1965

Monk's Robe

worker's vest

Farmer's village amenity: Mug cup, Pencil, Room key, Monk's robe, Farmer's working vest, Patch worked blanket

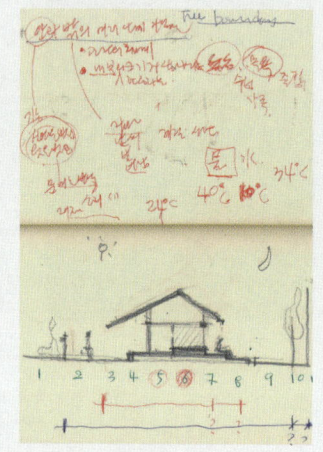

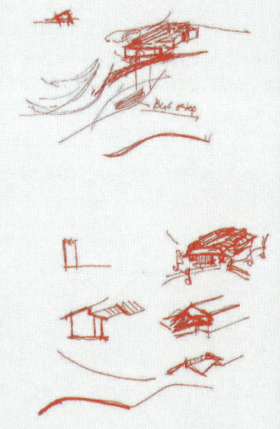

나는 보는 법을 배우고 있다.
예전에는 사람들은 과일이 씨앗을 품고 있듯 자기 안에 죽음을 품고 있음을 알고 있었다.
그런 죽음을 지니고 있었기에 사람들은 고유한 품위와 조용한 자부심을 누릴 수 있었다.
운명의 난점은 그 복잡함에 있다. 반면에 삶 자체는 그 단순함이 난점이다. 우리 인간의 치수를 벗어나는 삶은 소수다.
— R. M. Rilke 1910

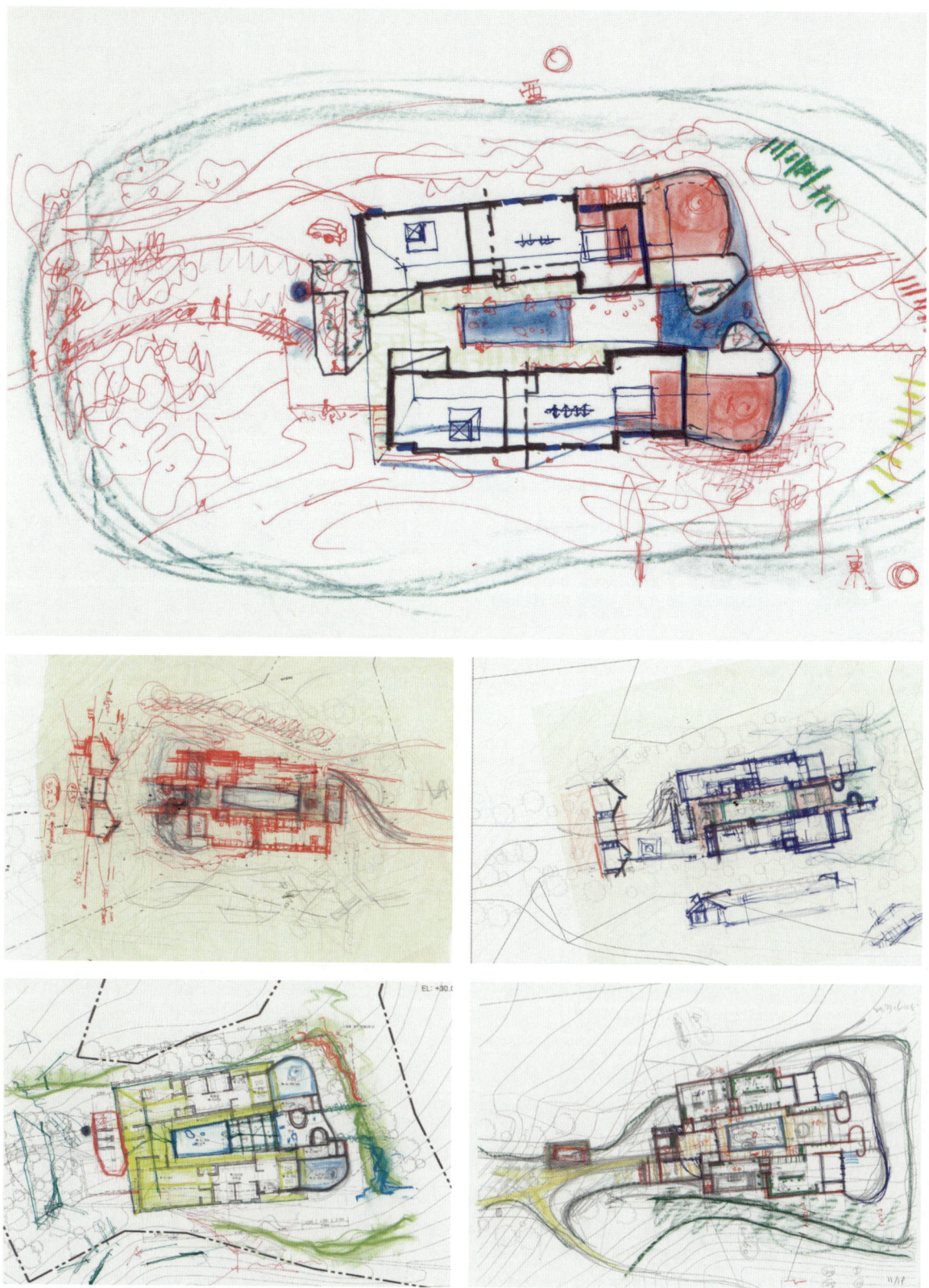

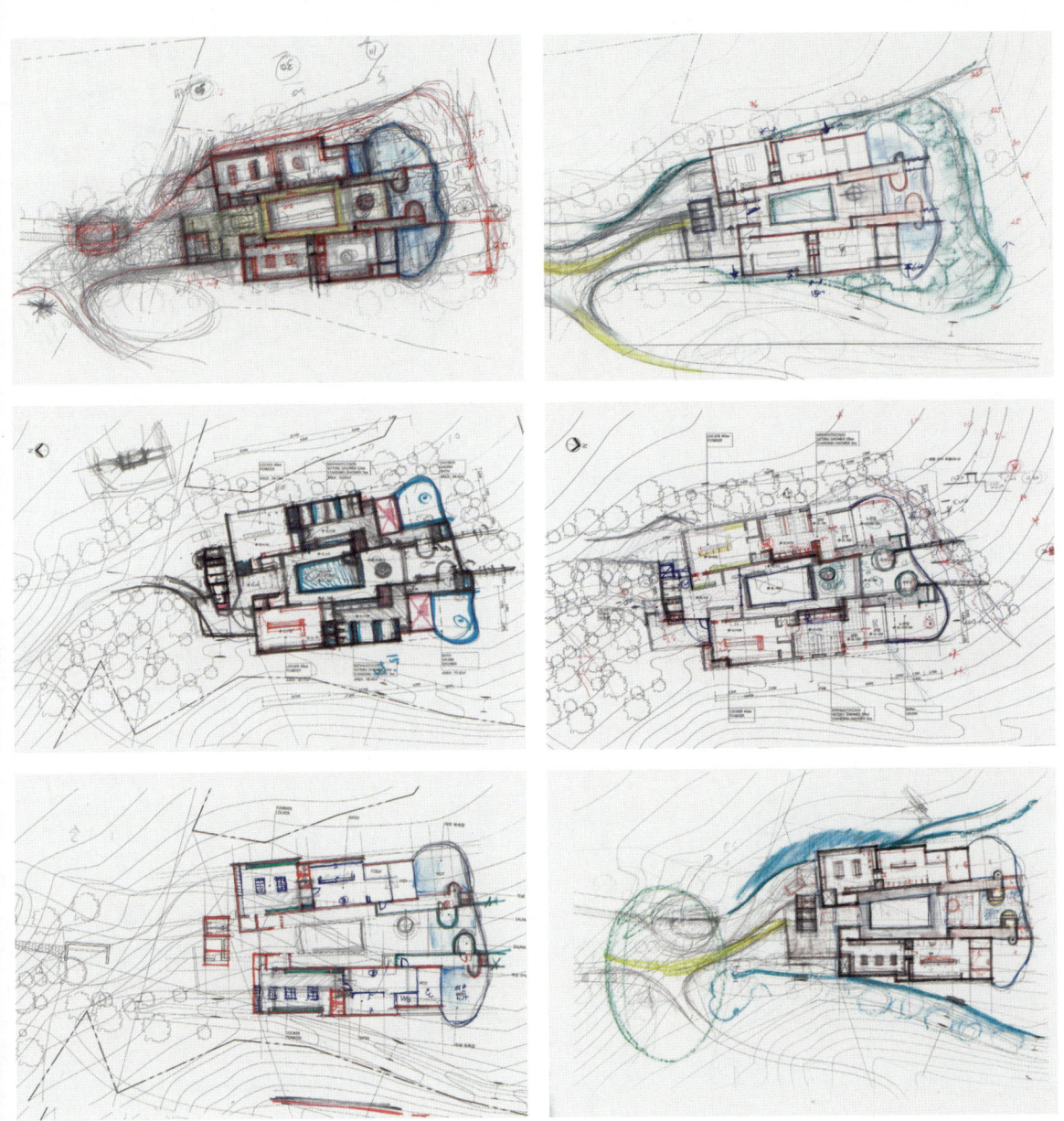

자신의 요구를 이해하는 능력은 위험할 정도로 낮은 수준이라고 전제한다. 우리 영혼은 만족을 얻기 위해 필요한 것을 제대로 말하는 경우가 드물며, 근거가 박약하거나 모순될 가능성이 높다.
우리의 정신은 만족을 하려면 필요하다고 말하는 외부의 목소리에 민감하다. 이런 목소리는 우리의 영혼이 내는 작은 소리를 삼켜버리고, 긴요한 것을 찾아내는 까다로운 일을 방해할 수 있다.

— J. J. Rousseau 1767

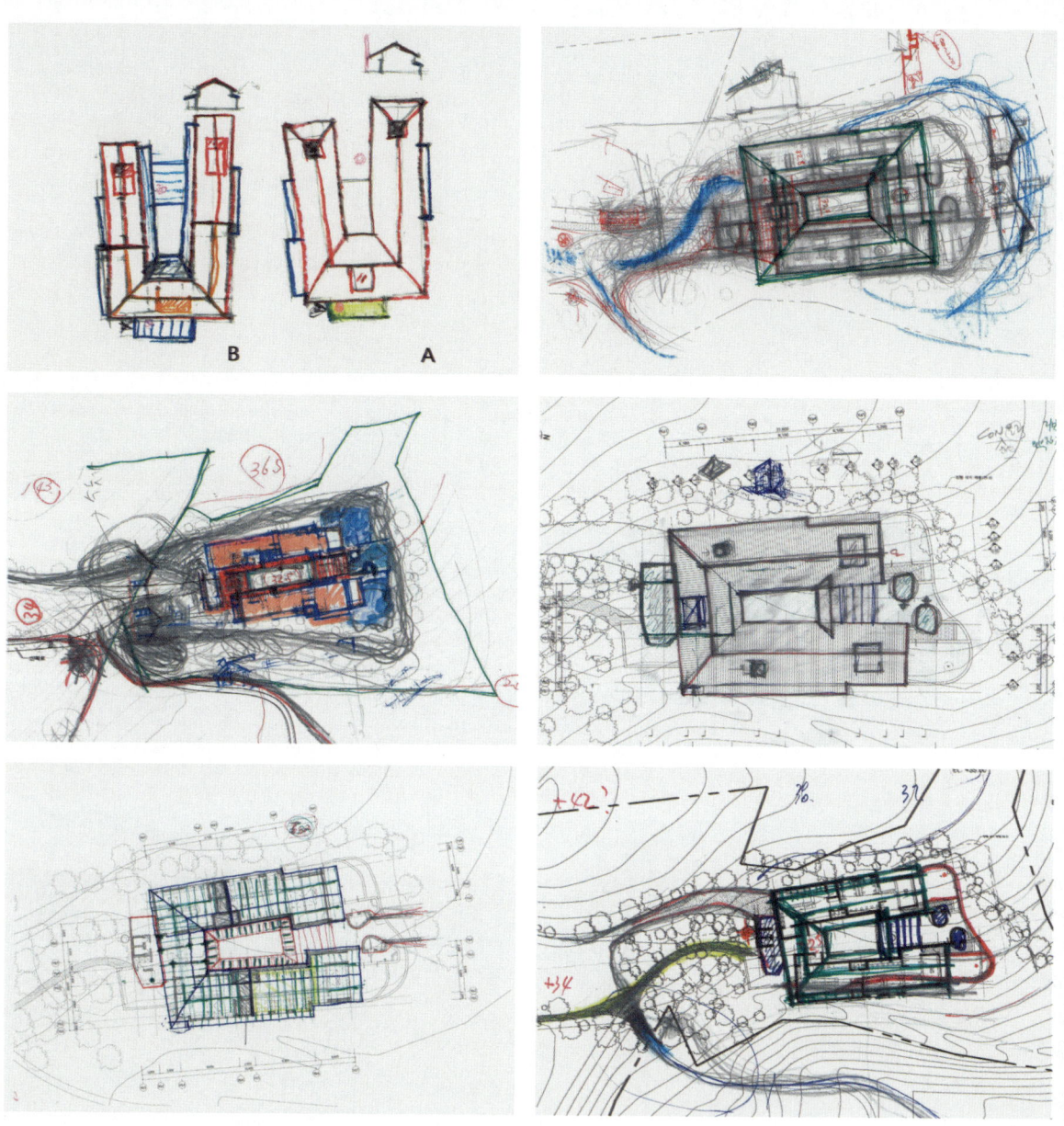

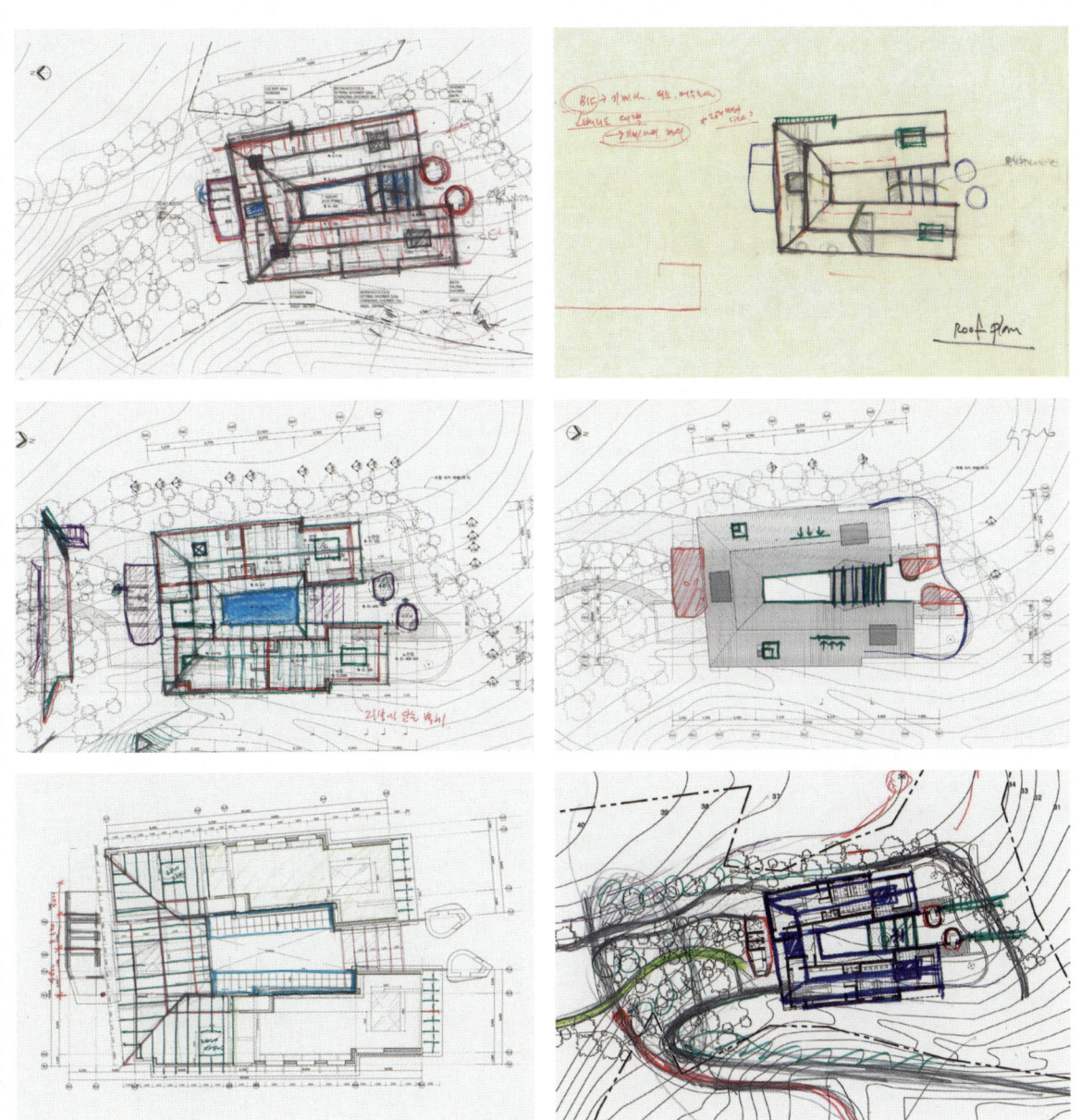

버리기와 잃어버리기는 사물과 내가 분리된다는 결과에서는 같은데, 후자의 과정에는 내가 개입한 바가 없기 때문에 그것은 이른바 '행위'의 범주에 넣을 수 없다. 버리는 것은 행위지만, 잃어버리는 것은 행위가 되지 않는다. 우리는 우리의 의지대로 어떤 것을 버릴 수 있지만, 우리의 의지대로 어떤 것을 잃어버릴 수는 없다. 그랬을 때 그것은 이미 잃어버리기가 아니고 버리기가 되기 때문이다.

— 안규철 2004

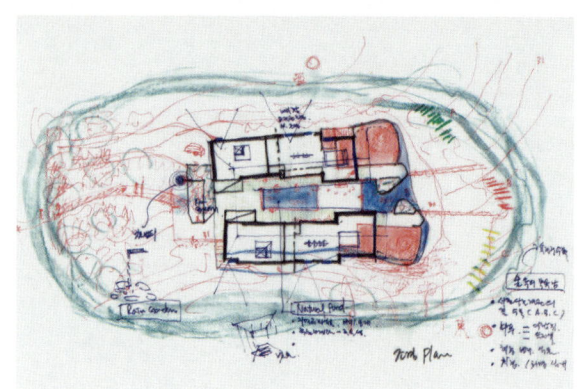
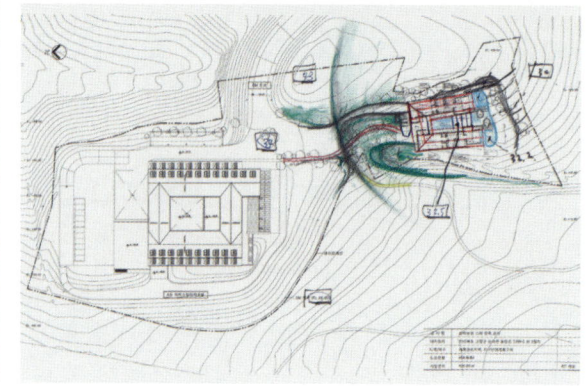
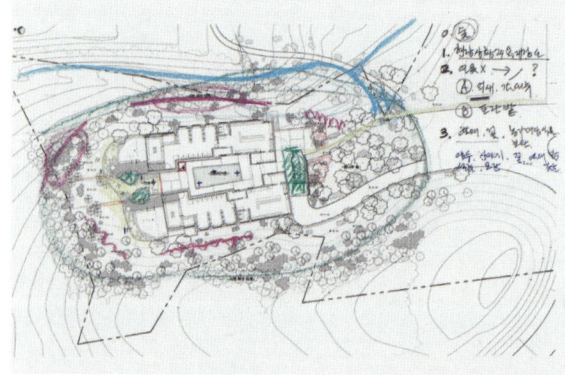
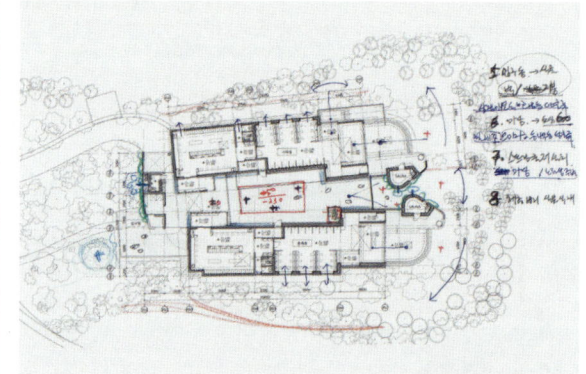
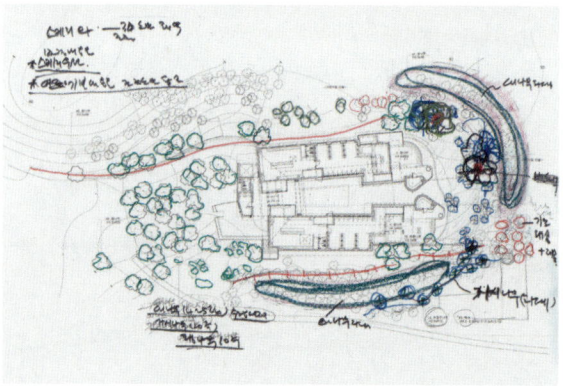
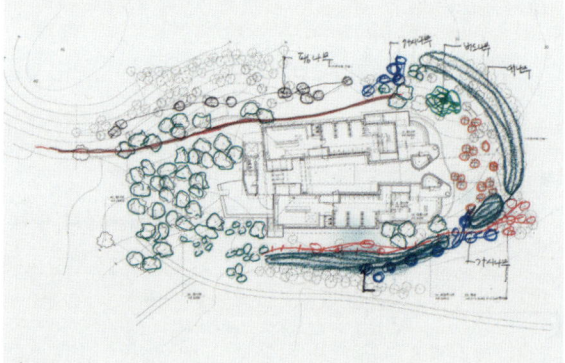

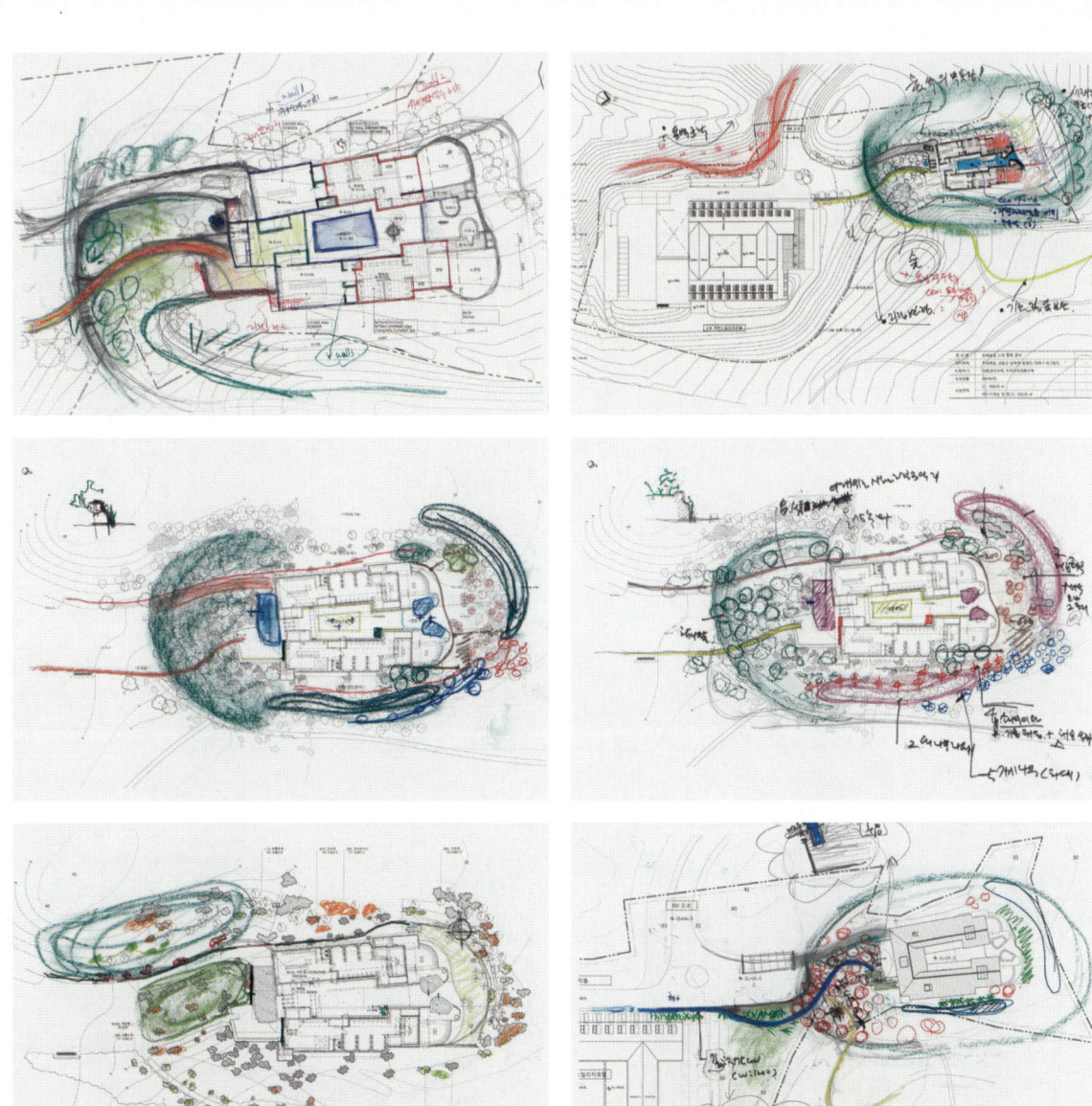

아름다운 텍스트는 발음되기도 전에 들린다. 그것이 문학이다. 아름다운 악보는 연주되기도 전에 들린다. 그것이 미리 준비된 음악의 찬란함이다. 음악의 원천은 소리의 생산에 있지 않다. 그것은 듣기라는 절대 행위 안에 있다. 그것은 의미하기가 아니다. 그것은 스스로 드러내기도 아니다. 그것은 순수한 듣기이다. 읽는 행위에서 언어 그 자체가 들린다.

— P. Quignard 1998

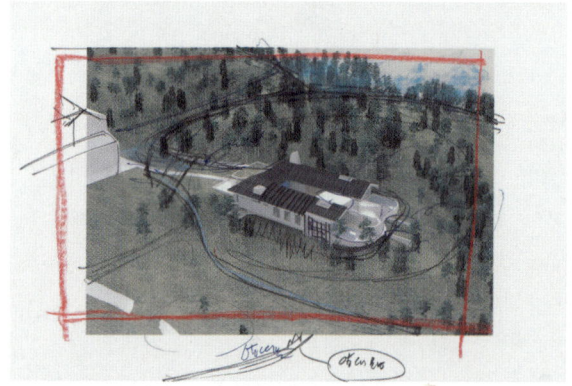

어떤 주장이나 판단을 나타내는 문장 중에서 그것이 참인지 거짓인지를 명확하게 구별할 수 있는 것을 명제라 하고 'p가 아니다'를 명제 p의 부정이라 하고, 이것을 ~p로 나타낸다.
— 수학의 정석 1966

건물의 특성, 건물의 본성이 계속해서 탐구되어야 합니다. 건물의 본성은 건물에 있기 때문이지요. 건물 주변의 영향을 받지 않고 건물을 어떤 장소에 던져 놓아서는 안됩니다. 그 안에는 언제나 관계가 있는 것입니다.

— Louis I. Kahn 1965

가지·나무·나뭇잎·뿌리·껍질·꽃·풀에 대한 호소로 이루어진 하나의 상상적 식물학은 우리 내부에 놀라운 규칙성의 이미지를 축적해 놓았다. 우리 각자는 무의식의 심층에 있는 그 내밀한 식물도감을 검토하면 얻는 바가 있을 것이다. 뿌리와 싹의 생명력이 우리 존재의 심장부에 있다. 우리는 진정 매우 오래된 식물인 것이다.

— G. Bachelard 1944

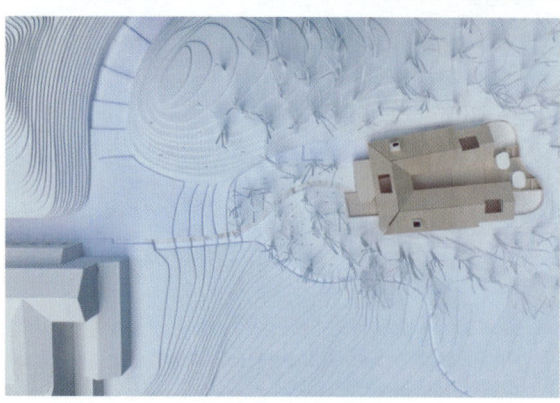

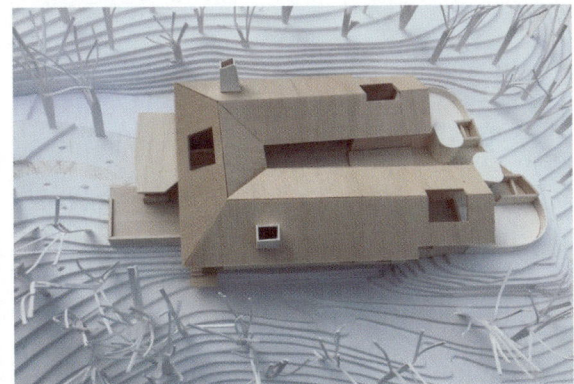

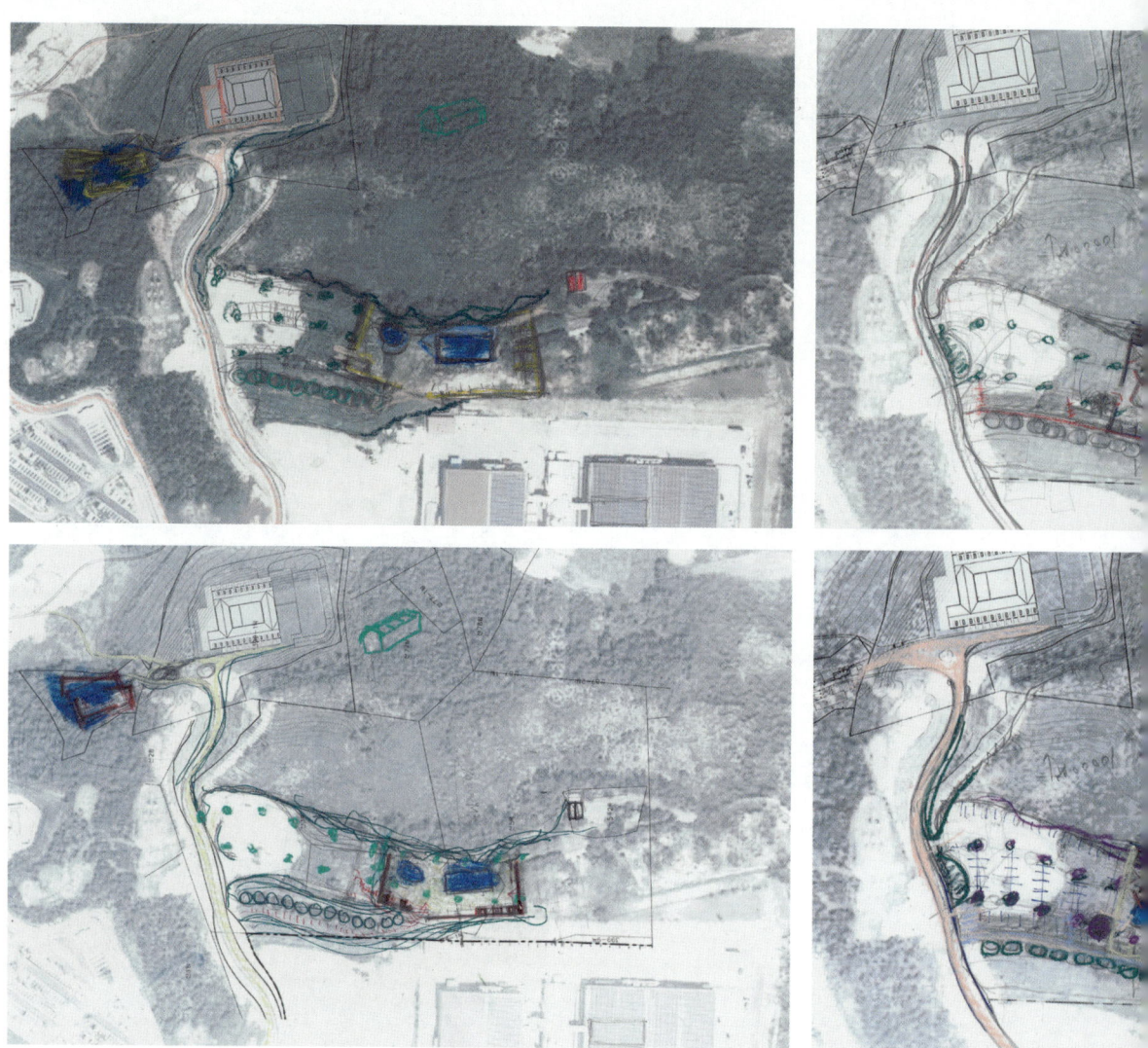

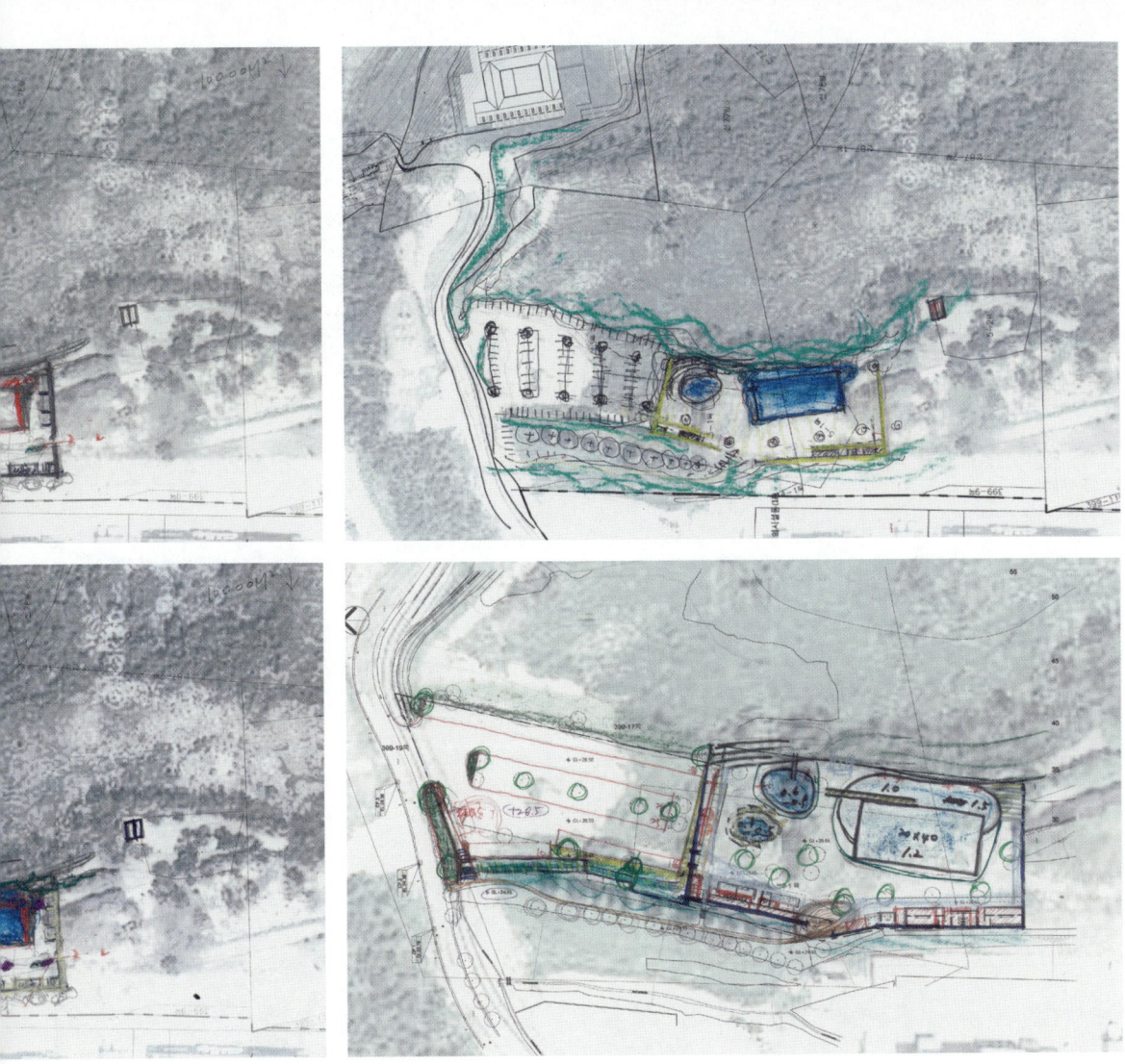

장소의 혼은 "독립적으로" 존재하는 모든 존재는 그 자신의 혼, 즉 그 자체를 지키는 정신을 가지고 있다. 이 정신은 사람과 장소에 생명을 주고 태어나서 죽을 때까지 그들과 함께 하며 그들의 성격 또는 본질을 결정한다. 혼은 사물이 존재하는 것 또는 그것이 "되고자하는 것"이라고 표현할 수 있다.

— C.N. Schulz 1976

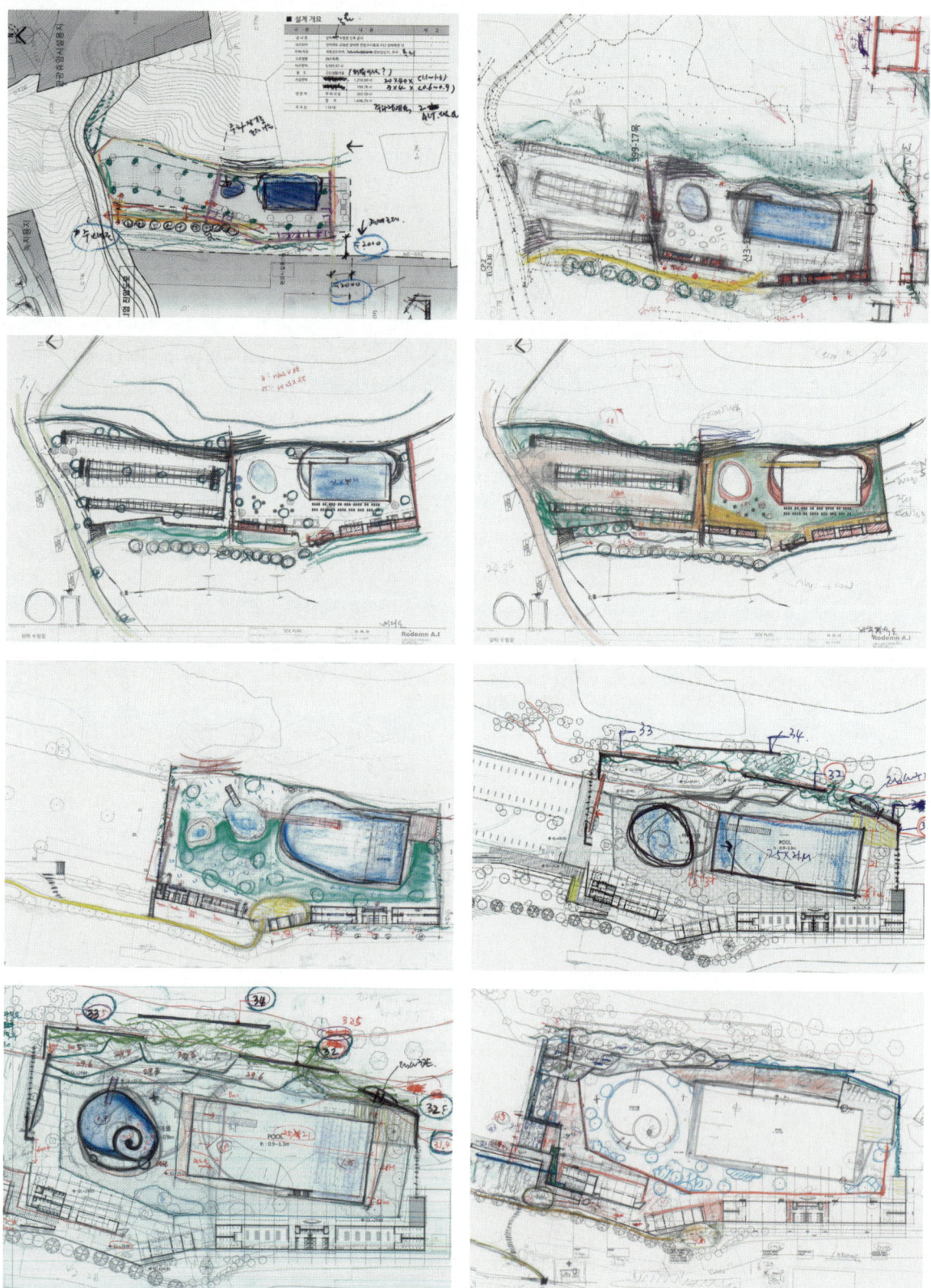

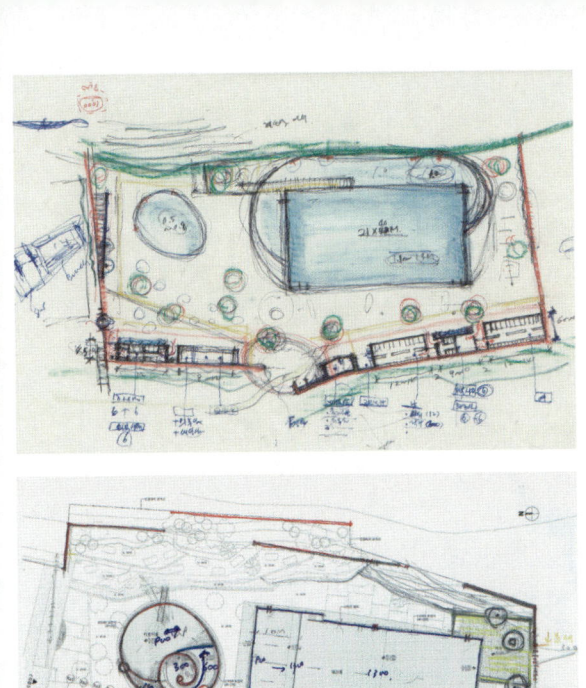
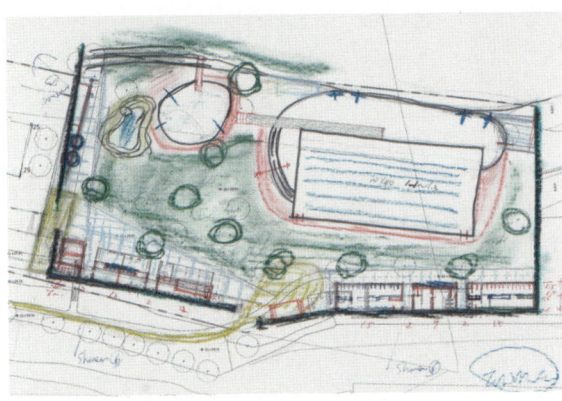
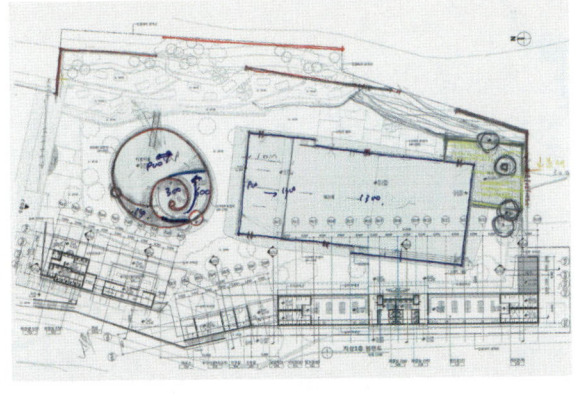
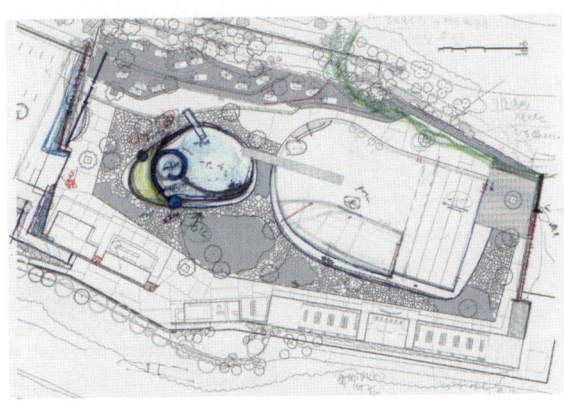
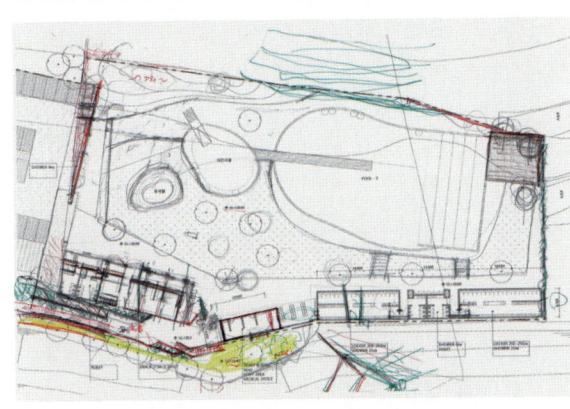
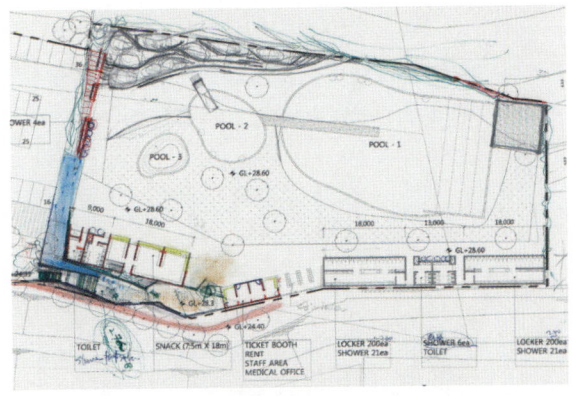
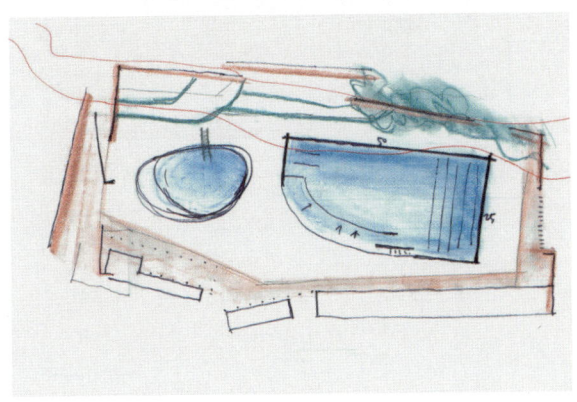
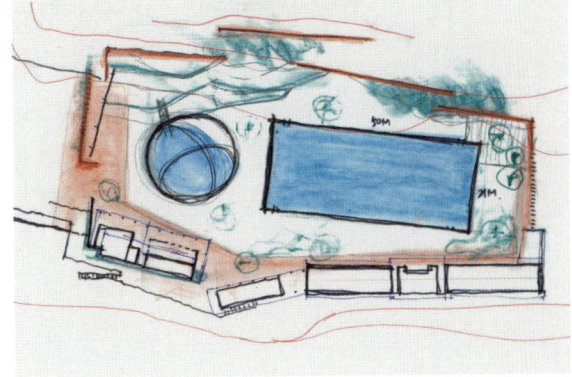

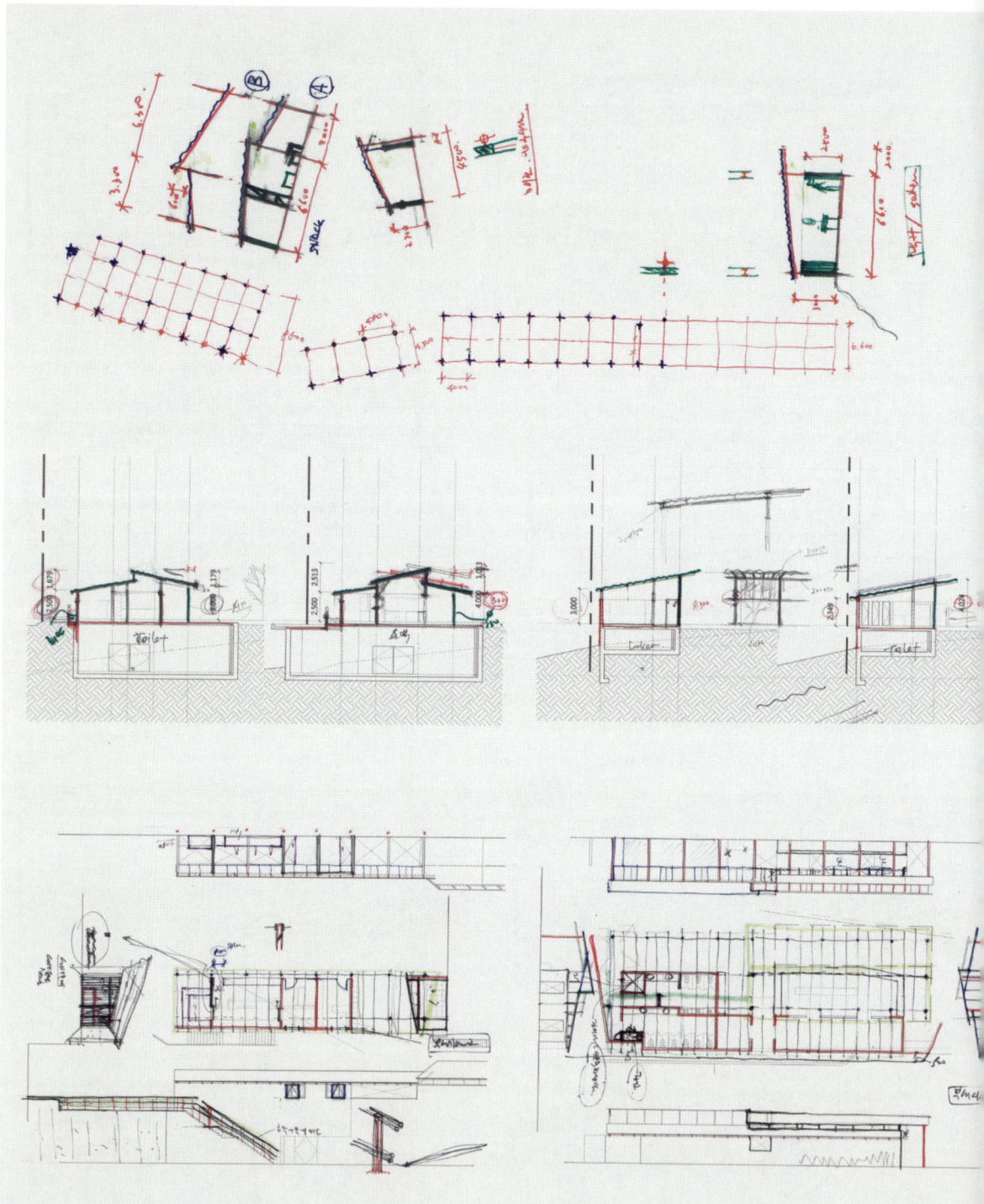

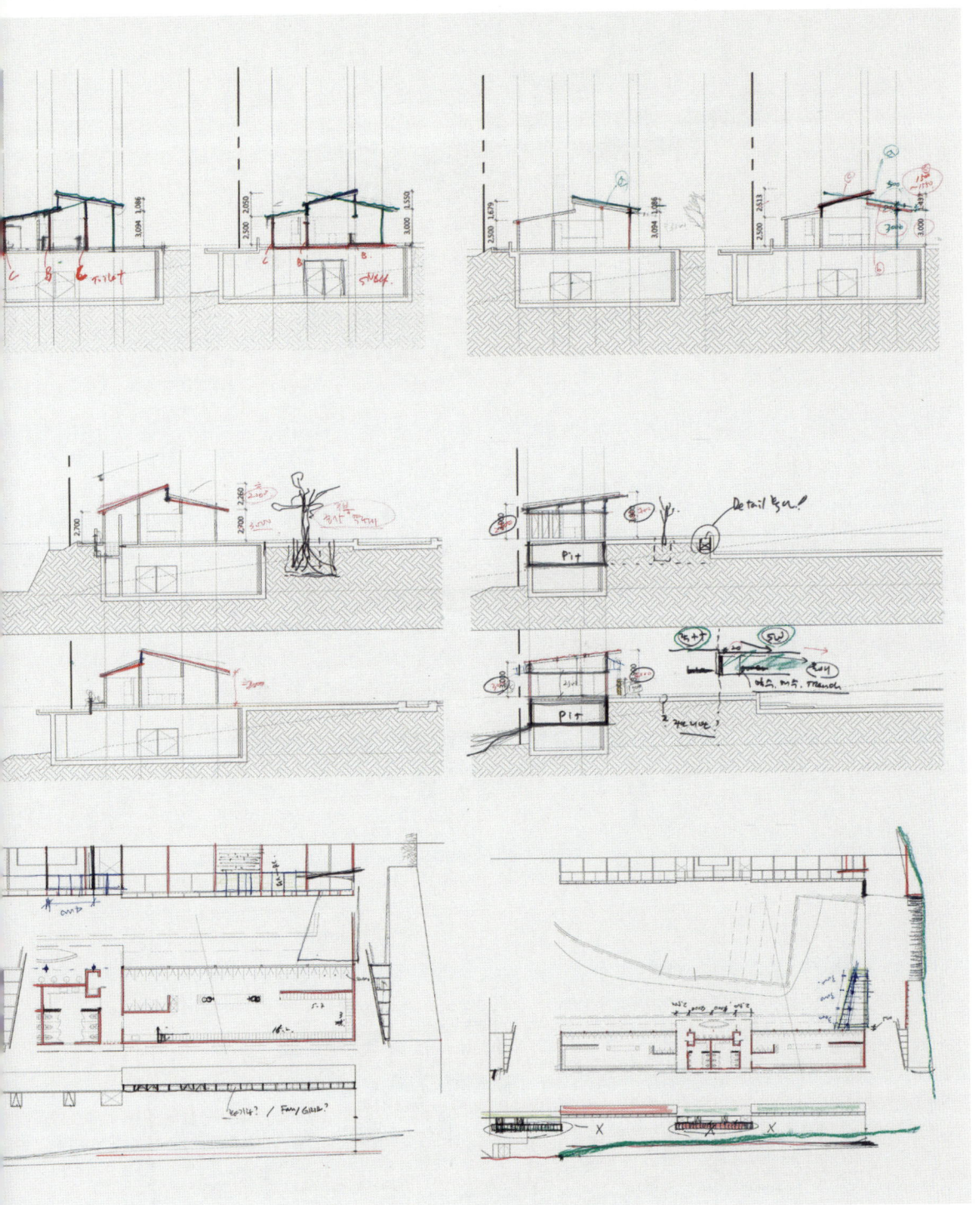

'산책시키다'라는 말은 '인도하다'라는 동사와 다른 장소로 '가게 하다'라는 동사에 속하는 것 자신과 정신과 시선을 산책시키기도 하며 자신의 욕망까지도 산책시킬 수 있다. 그것은 여행이 목표를 가지고 있는 데 반해, 산책은 뚜렷한 목표를 가지고 있지 않기 때문이다. 사람들은 언제든지, 아무데나 산책시키지도 않으며, 산책하지도 않는다.

— J. Grenier 1942

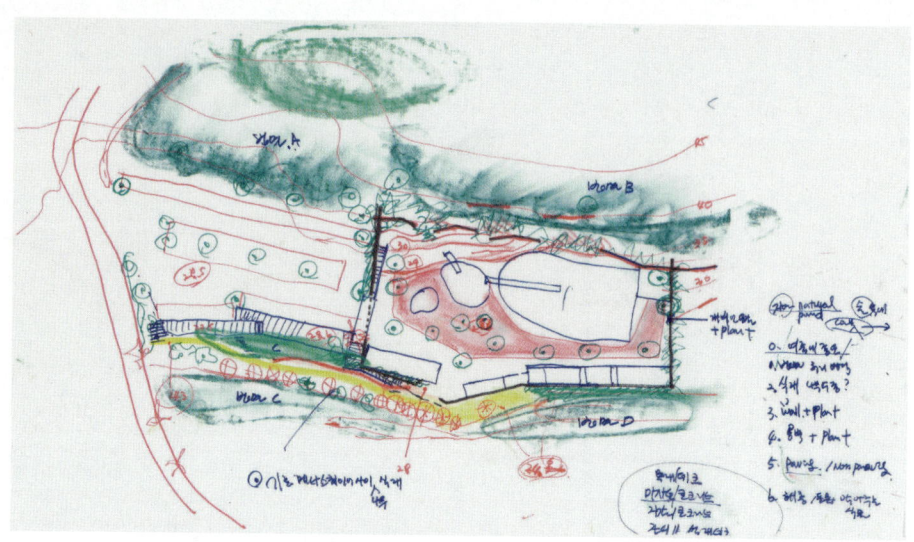
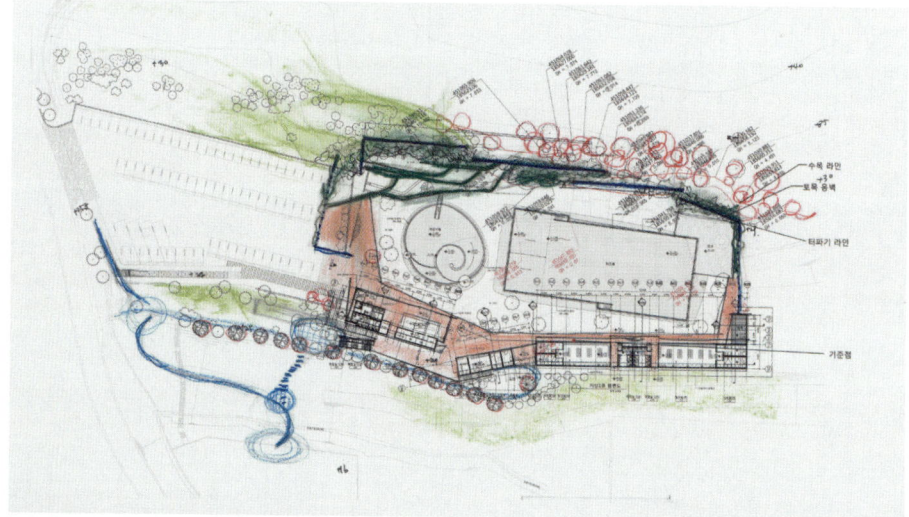
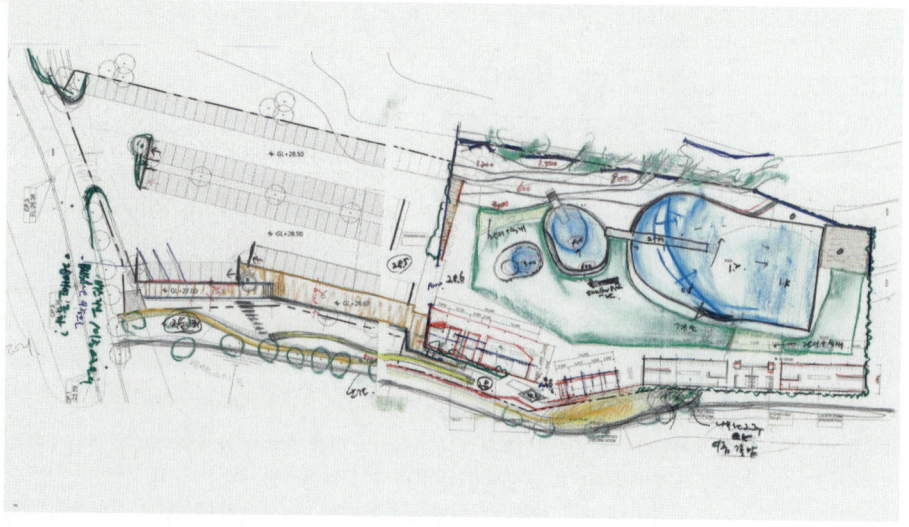

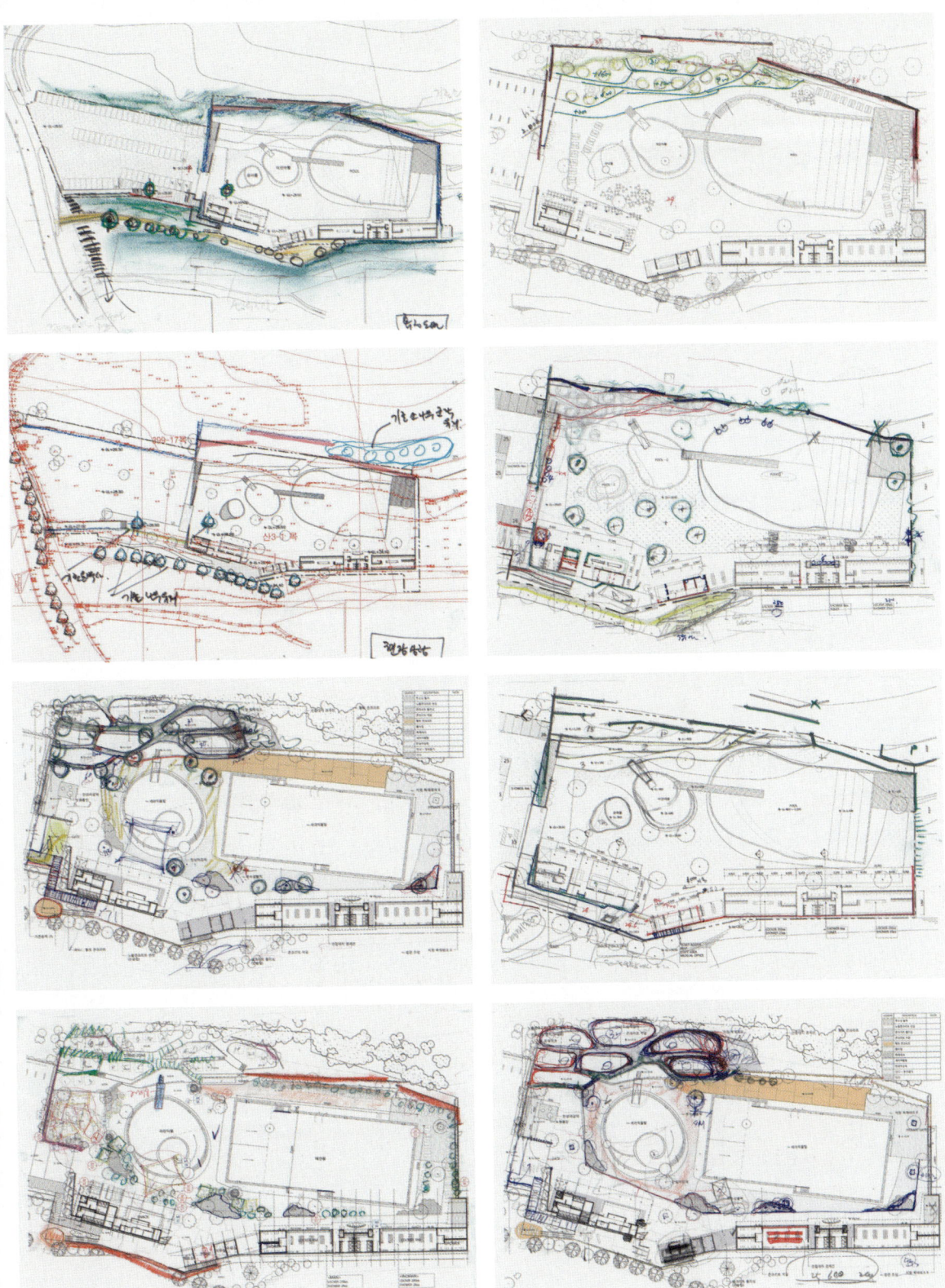

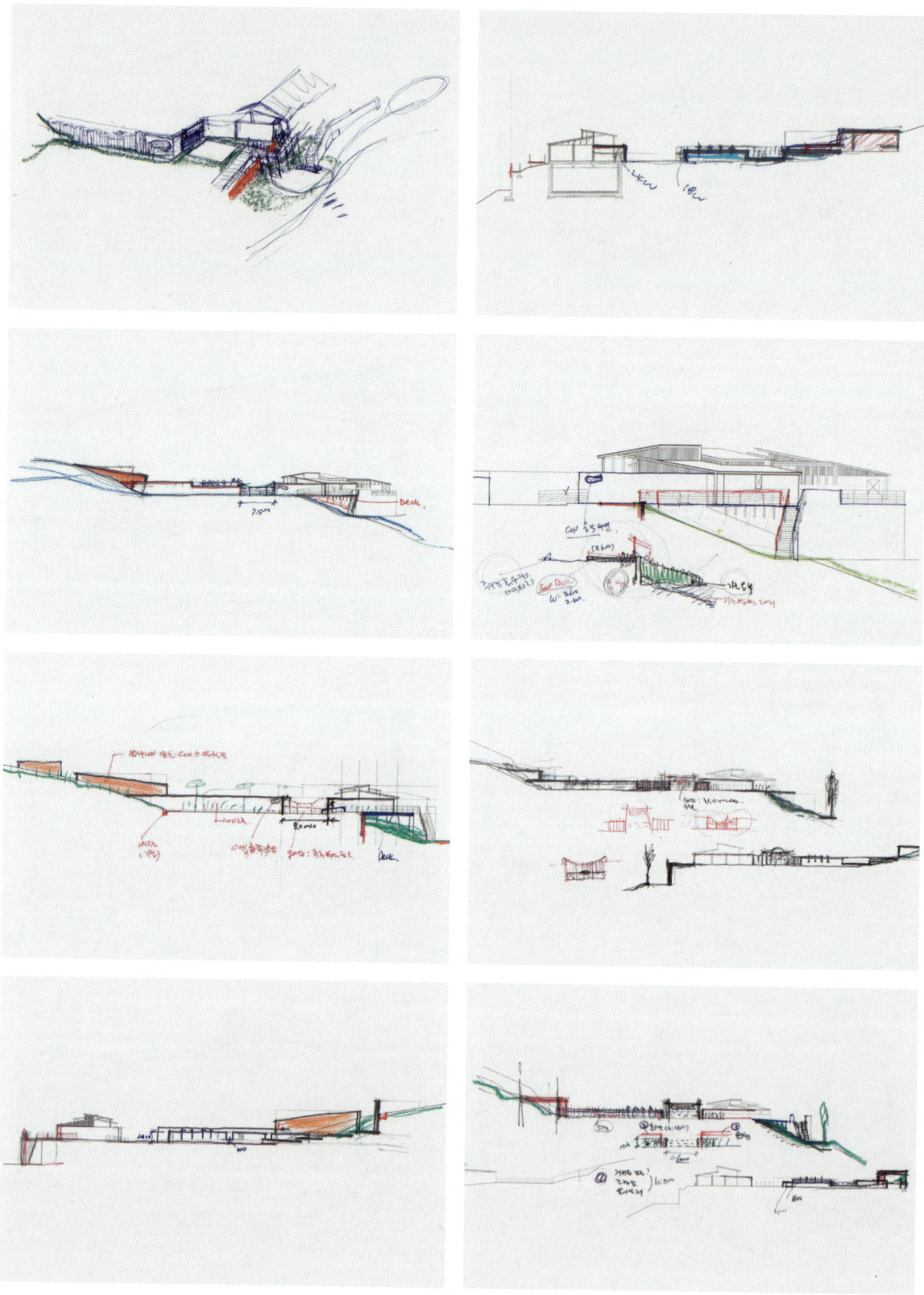

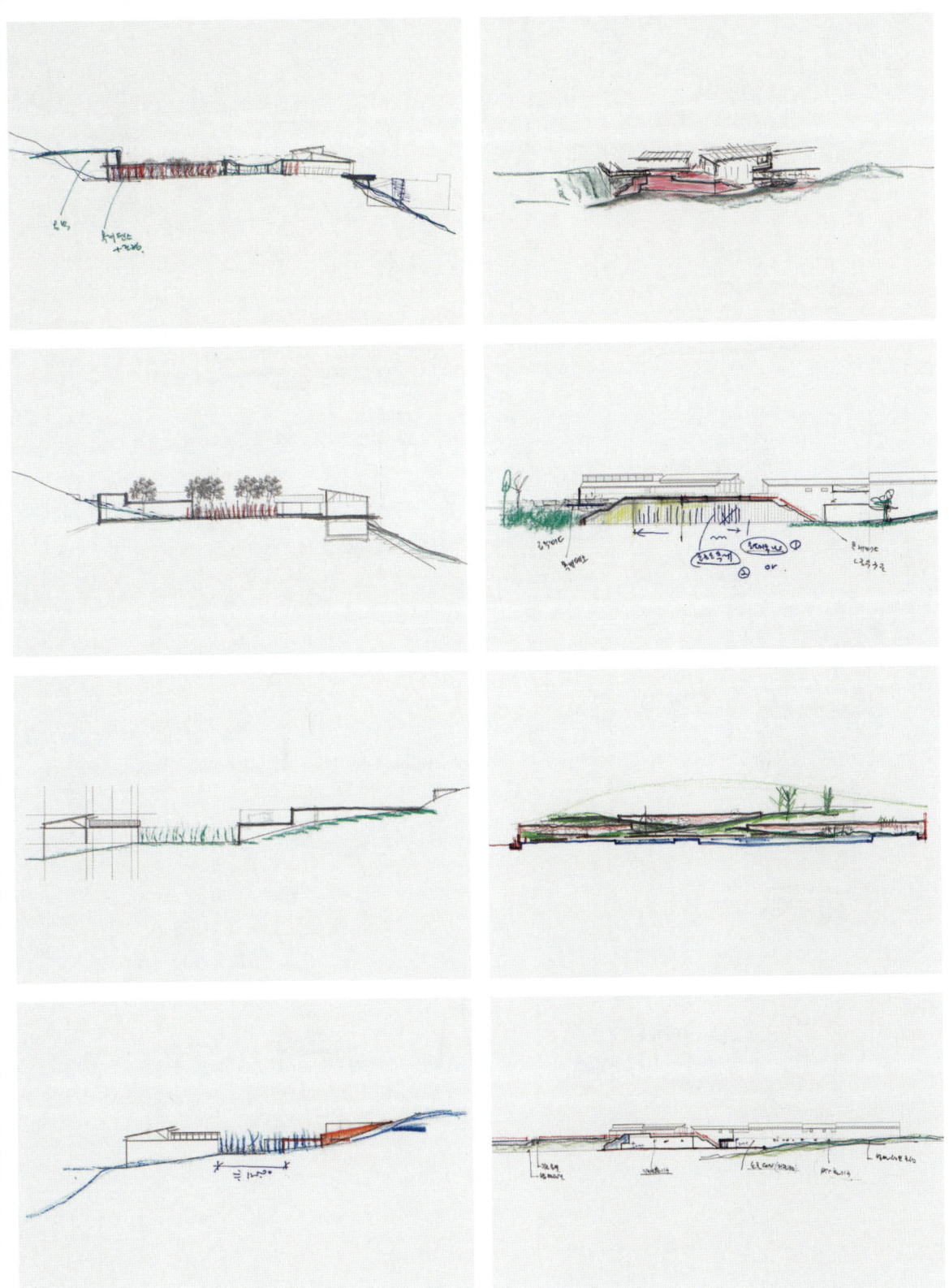

한 남자가 세상의 그림을 그리기 위해 길을 떠난다. 여러 해가 지나니, 그의 그림은 지방, 왕국, 산, 배, 섬, 물고기, 방, 장비, 별, 말, 사람들의 이미지들로 가득 찬다. 그는 죽기 바로 직전, 여러 선으로 이루어진 그 너그러운 미로가 자신의 얼굴 윤곽을 그리고 있음을 깨닫는다.

— J. L. Borges 1960

281	낙원동호텔 MOXY Seoul
329	세종도서관 Sejong Library
343	순창달식탁 Dalsiktak
353	경기실크 Urban Regeneration
365	Index

낙원동호텔 MOXY Seoul

호텔 부지는 낙원상가와 삼일대로를 사이에 두고 인사동길로 이어지는 중구 낙원동에 위치한다. 주변에는 1920년대에 서민 주거단지로 형성된 익선동 한옥마을이 있고, 1960년대 지어져 서울의 근대 문화와 역사의 다양한 이면을 담고 있는 낙원상가와 탑골공원이 가까이 있다. 2014년에 설계를 시작하여 호텔이 완료된 2020년까지 서울 중심의 도시재생과정과 익선동의 자생적인 변화 과정을 현장에서 지켜 볼 수 있었던 프로젝트이다. 지리적, 역사적으로 다양하고 이질적인 이 곳은 서울을 경험하는 여행객에게는 무척 매력적인 환경을 가진 지역이라고 생각한다.

2000년대에 들어서면서 호텔의 스타일은 다양한 방식으로 특성화 되고 있다. 시애틀에서 시작된 에이스호텔을 필두로 하는 로컬 커뮤니티호텔의 등장은 대표적인 사례이다. 지역의 오래된 건물을 호텔로 재생하는 로컬호텔사례도 있지만 메리어트, 스타우드, 하얏트 등 글로벌 호텔그룹에서도 지역의 특성을 살린 새로운 스타일의 중저가 호텔브랜드를 만들고 있다. MOXY는 메이어트 그룹의 로컬 커뮤니티 호텔브랜드이다. 로컬 커뮤니티호텔은 지역의 특색과 문화를 담은 디자인호텔이고 지역사람들과 호텔 퍼블릭 공간을 공유하는 로컬호텔이다. 호텔 내에는 객실과 게스트서비스를 위한 필요시설만 두고 주변지역의 상권과 연계하여 운영되는 지역성과 시대성을 반영한 호텔이다.

낙원동호텔은 로컬커뮤니티호텔을 전제로 두고 건축과 인테리어 설계를 했다. 준공시점에 MOXY를 호텔브랜드로 정하면서 그레피티작가 레오다브와 협업하여 입구와 내부에 이어진 그래피티작업으로 브랜드호텔의 이미지를 만들었다.

일층은 플레이라운지, 이층은 아침조식을 하는 커뮤니티라운지를 두고 삼층부터 열세계층에는 백사십개의 객실과 세 개의 특별실이 있다. 최상층인 십육 층에 호텔의 로비를 계획했다. 최상층은 46.9m 높이로 남산타워, 북한산, 종묘 등 사방으로 서울도심 풍경을 전망하는 루프탑 바가 함께 있다.

건물의 형태는 북측 파사드동과 남측 객실동 사이에 코어를 두어, 내외부의 수직적 층을 구성했다. 입면은 각각의 방을 의미하는 189개의 창으로 계획했다. 2×2m 크기의 79개의 창이 있는 파사드를 가진 새로운 스타일의 호텔이다.

Location: Nagwon-dong, Jongno-gu, Seoul, Korea
Program: Hotel
16F, Lobby, Rooftop bar, Terrace / 3~15F, Guest rooms (143rooms) / 2F, Community lounge, Gym / 1F, Play lounge / B1F, Meeting room, Service area
Area: Site Area 588.88㎡, Bldg. Area 347.06㎡, Gross Floor Area 5,891.04㎡
Building scope: B3F–16F
Building height: 46.90m
Year: 2014–2020
Client: HEE&SUN Co. Ltd.
Photography: Rohspace

Site map

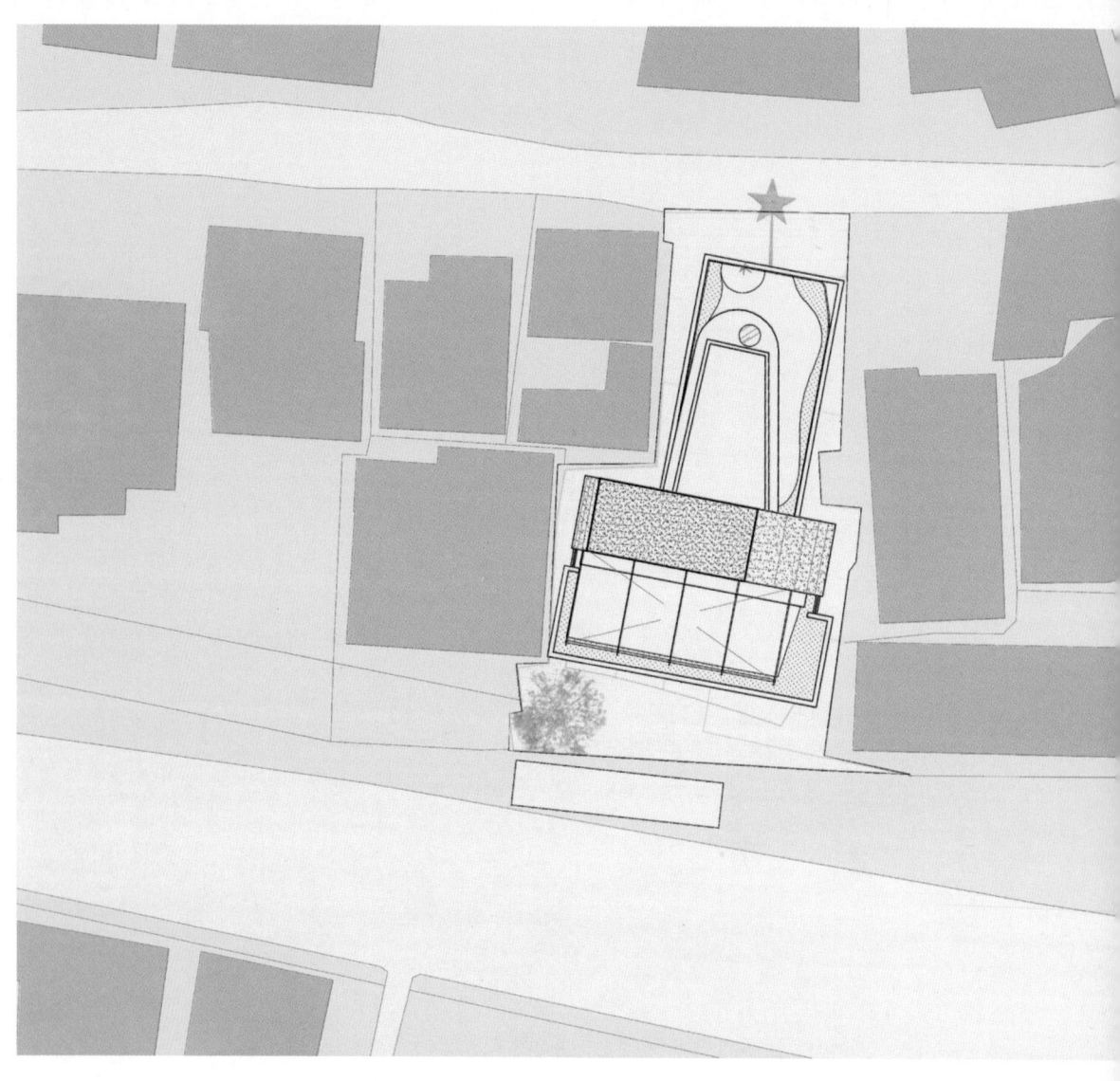

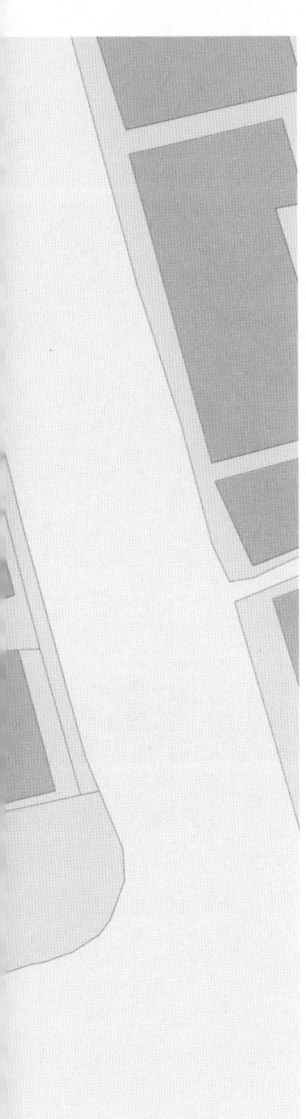

315　　　　　　　　　　　　　　　　　　Site plan

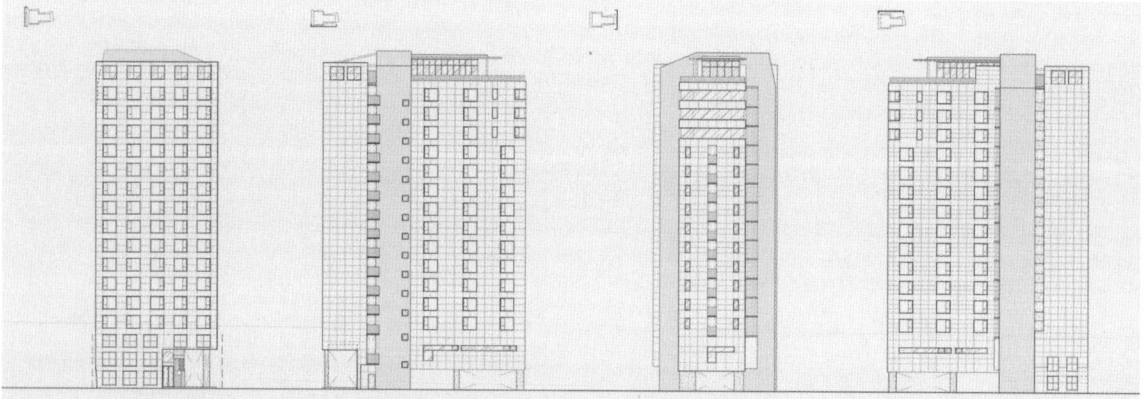

Elevation

Section

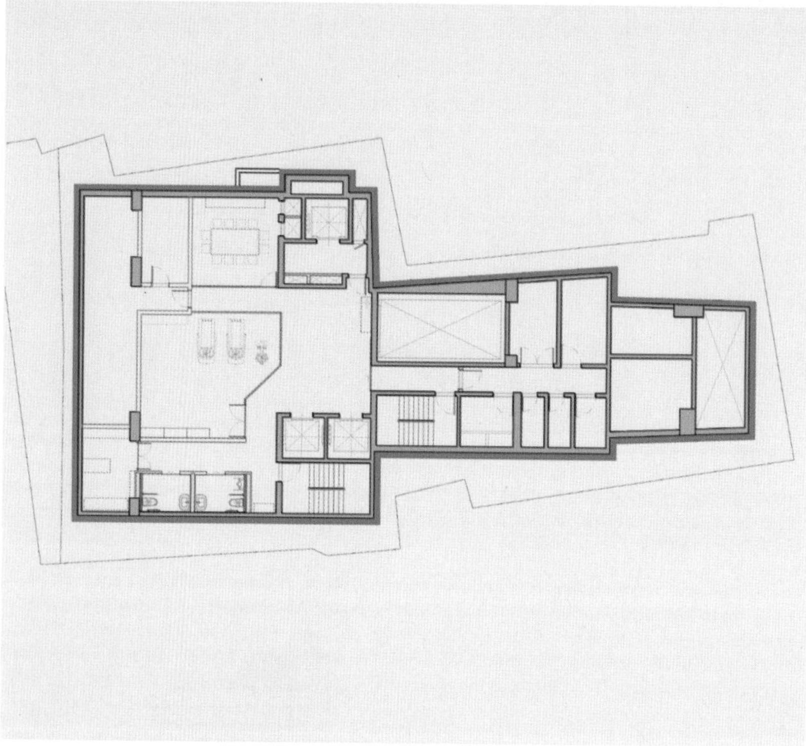

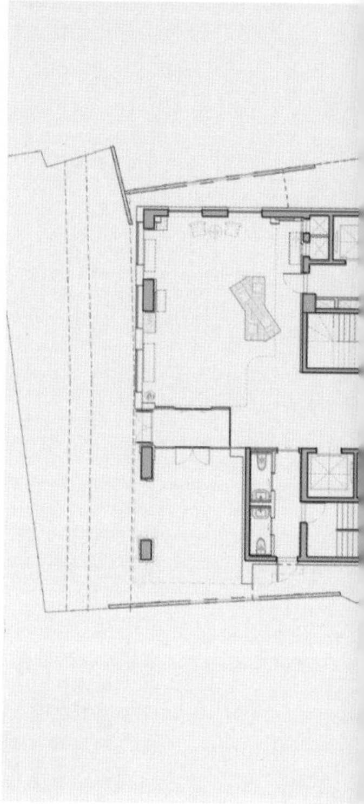

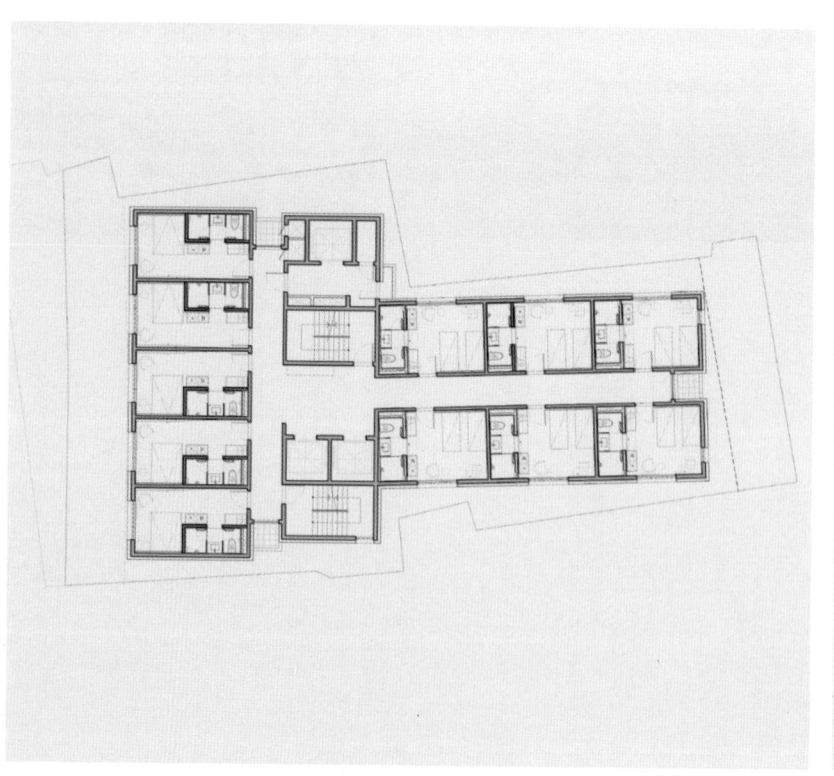
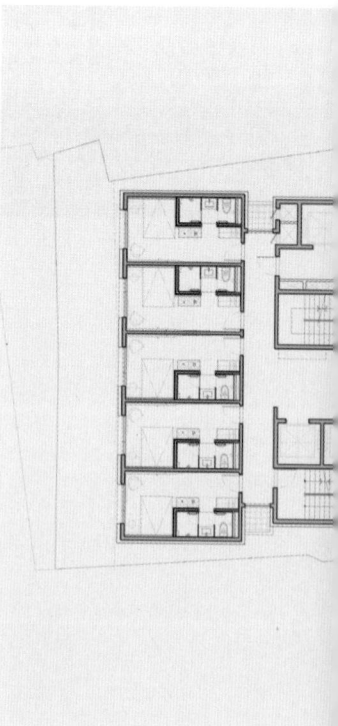

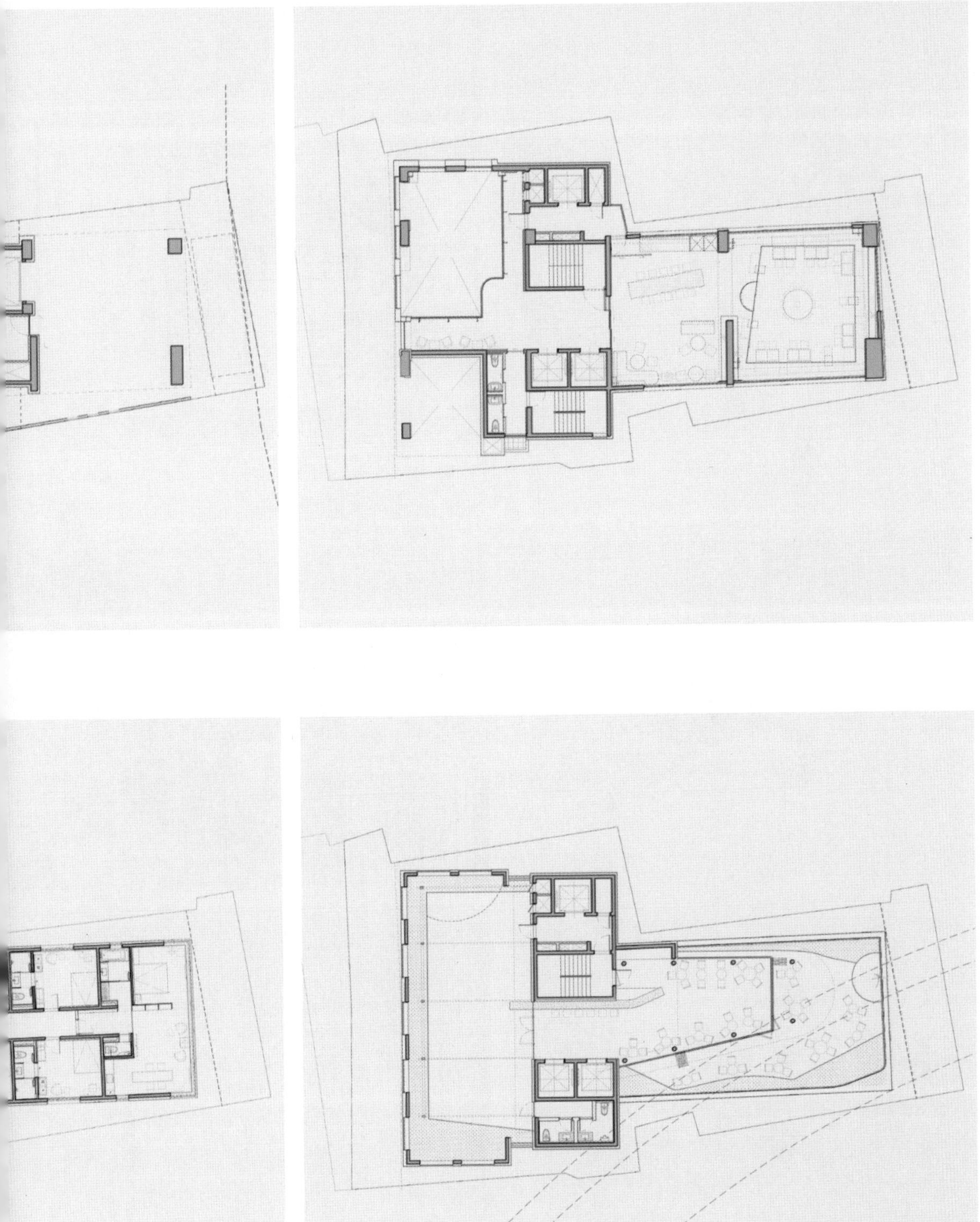

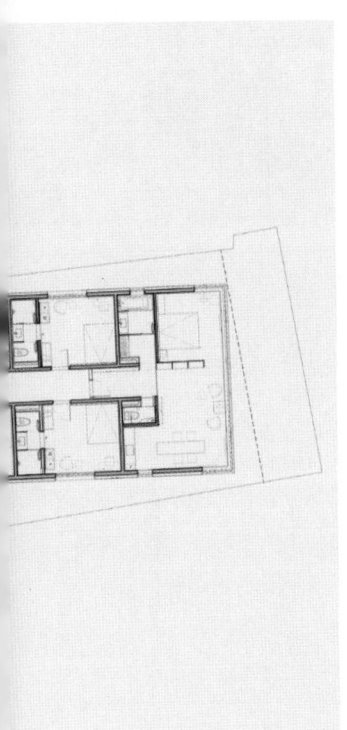
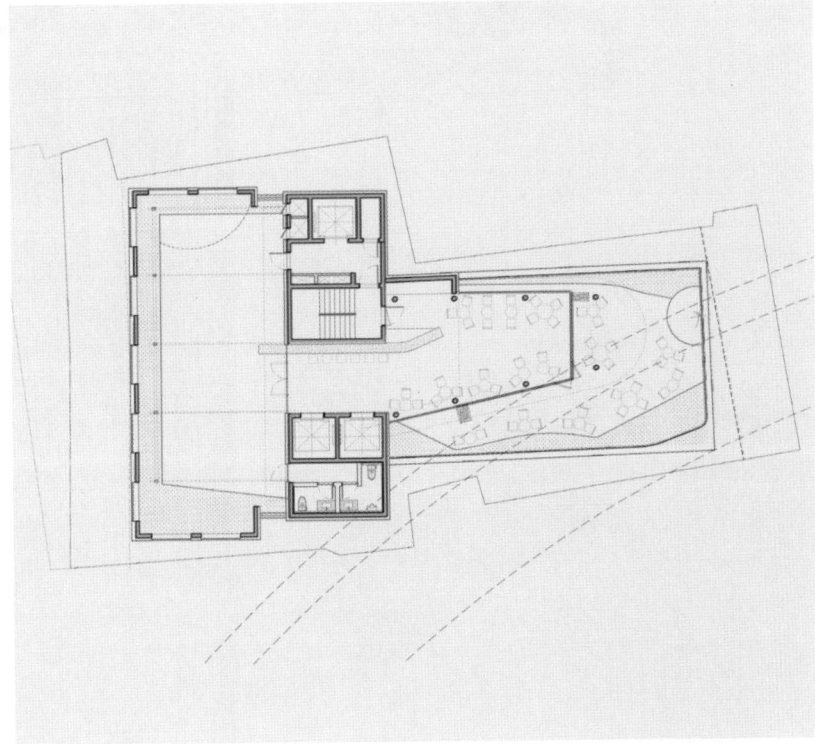

B1F Floor plan, 1F Floor plan, 2F Floor plan,
Guest floor plan, Suite Floor plan, 16F Floor plan

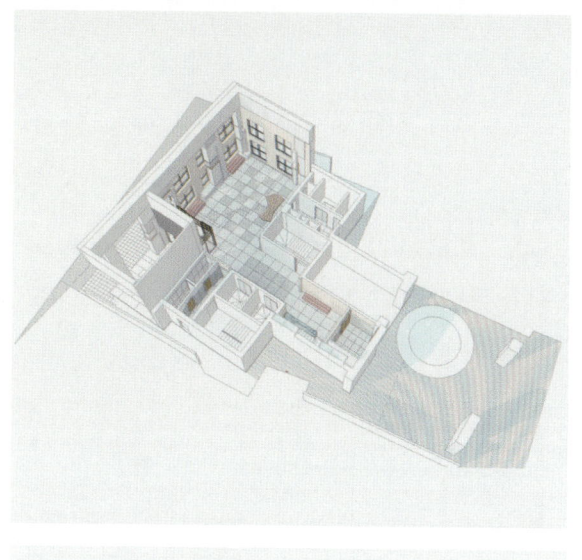

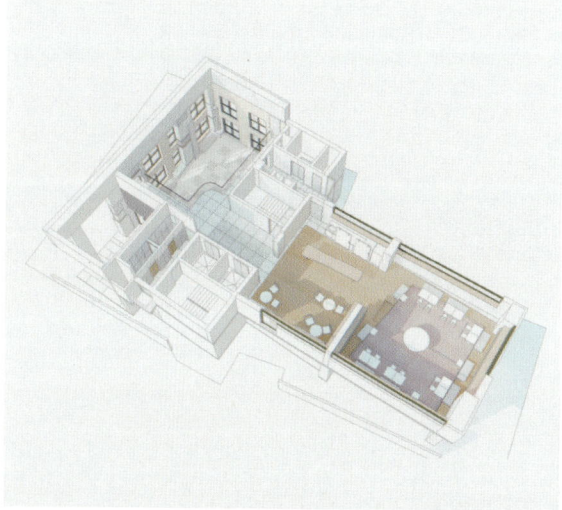

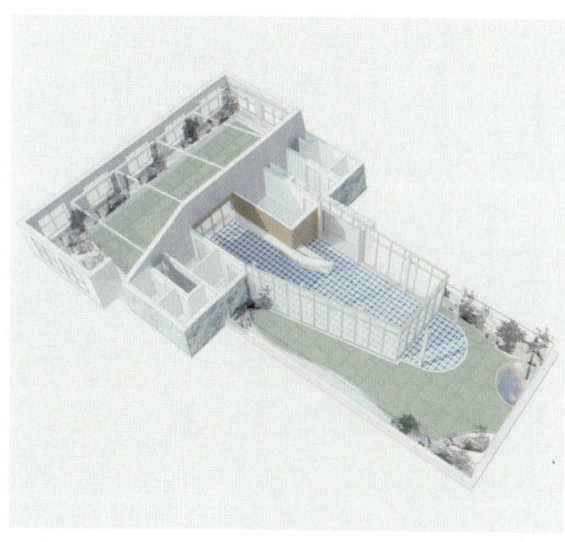

Perspective: Public area

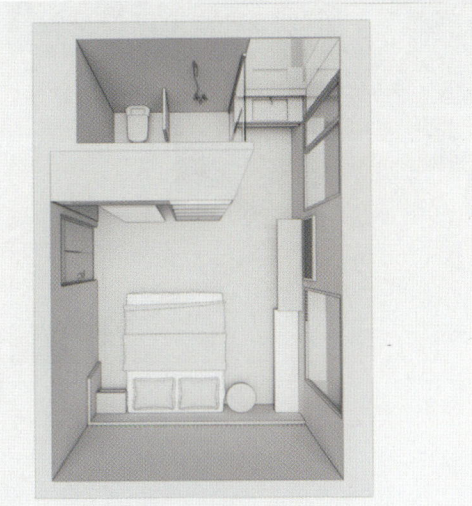

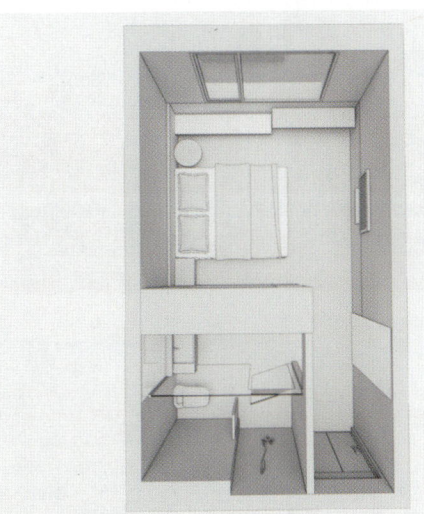
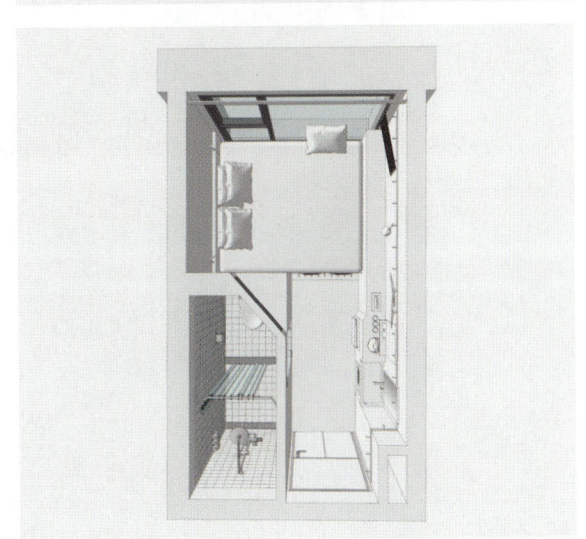

Unit plan

Model, City sketch

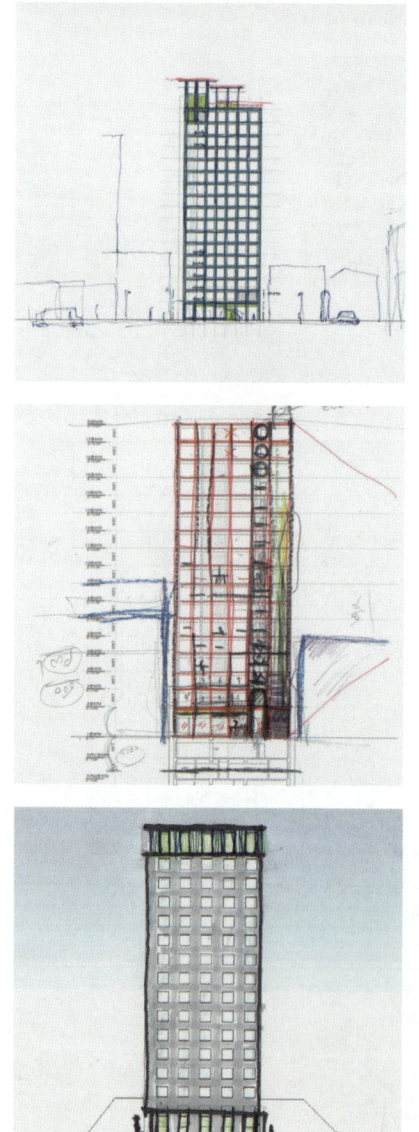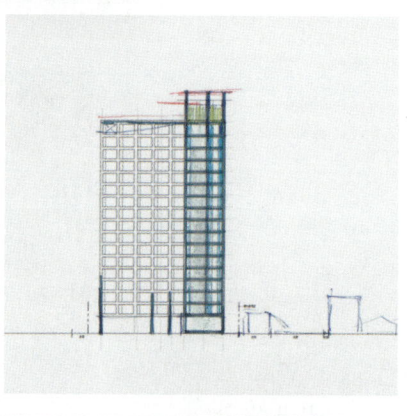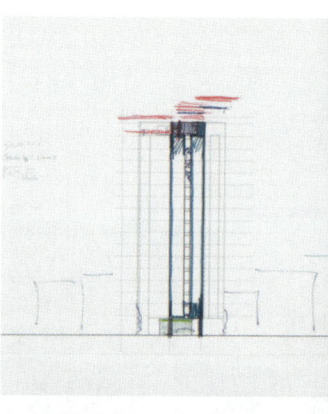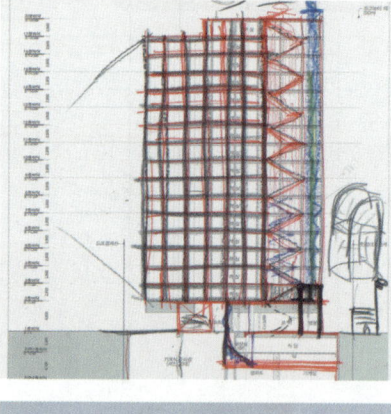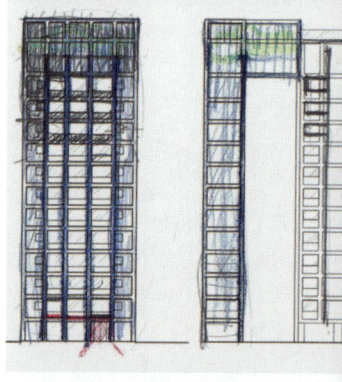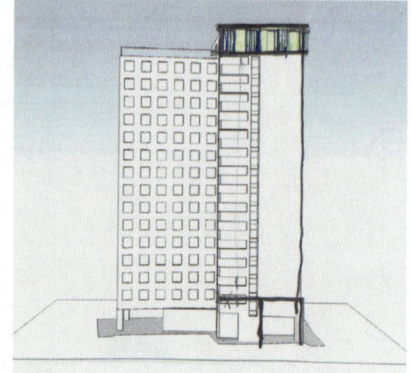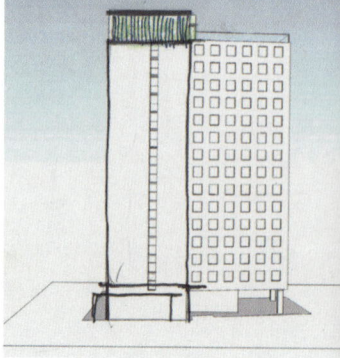

Facade sketch

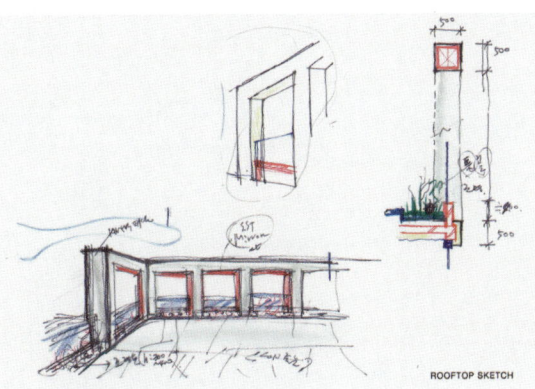

ROOFTOP SKETCH

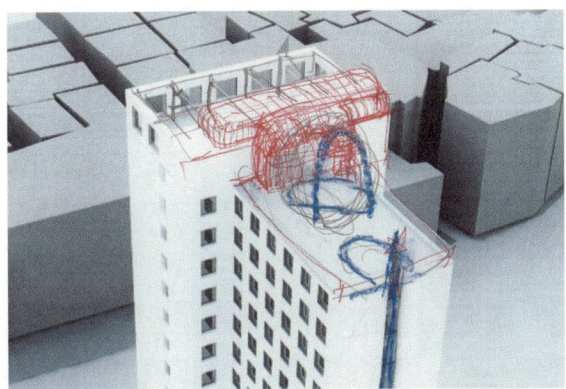

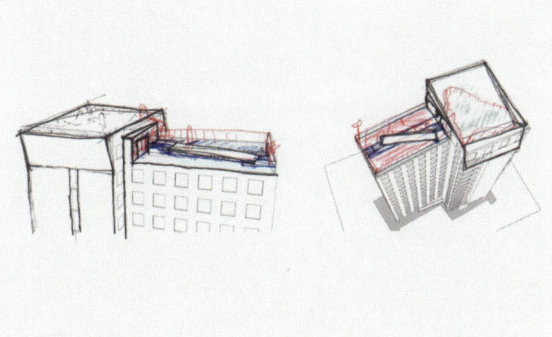

Roof sketch

세종도서관 Sejong Library

세종도서관은 세종국악당과 함께 1998년 여주시 하동에 세워진 시립도서관이다. 여주시 다섯 개의 시립도서관 중 가장 오래되었고 십팔만권의 가장 많은 장서를 수용하고 있다. 세종도서관은 시설의 낙후와 도서관의 새로운 기능에 대한 요구로 증·개축이 필요하게 되었다. 도서관을 비롯한 공공시설의 역할과 기능에 변화가 생기고 있다. 도서관은 단지 책을 읽고 빌리는 장소가 아니라 책을 매개로 하는 다양한 활동이 일어나는 지역커뮤니티 장소로서의 역할이 중요하게 되었다.

기존의 건물을 고치고 증축하고 하는 경우에는 장소적 현황과 새로운 요구를 조사하고 분석하여 그 관계와 흐름을 잘 읽는 과정이 가장 중요하다고 생각한다. 세종도서관은 원도심과 10차선 대로 사이에 위치하고 있고, 진입로가 가파르고 협소하여 접근성에 문제가 있었다. 하동사거리에서 진입 시 차량동선이 불편하고 차도 옆에 인도는 좁은 경사로이고 자전거를 이용하기도 불편했다. 하동사거리에서 넓고 완만한 계단식 언덕을 조성하여 진입로 이면서 머물 수 있는 공원을 계획했다. 2.5m 높이를 계단으로 올라가 일층 도서관로비가 있는 지상 삼층, 지하 일층 규모였던 기존도서관의 구성을 지상4층으로 변경하는 계획을 했다. 대지에서 1m 내려가 도서관 마당을 조성하고 여기서 도서관 입구로 진입하게 하여 사층 건물로 구성하였다. 도서관 마당은 야외 행사가 가능하게 하고, 입구에 목판을 만드는 산벚나무를 상징수로 심기로 했다. 도서관의 층별 구성을 재배치 하면서 엘리베이터를 신설하고 중앙계단을 오픈형으로 변경하여 수직 동선을 연결하는 계획을 했다.

1446년 훈민정음 창제 시 스물여덟 글자 중 지금은 쓰이지 않는 ㆁ옛이응, ㆆ여린히읗, ㅿ반시옷, ㆍ아래아 네글자의 뜻과 소리를 각 층별 디자인 요소로 사용하였다. 책과 독서 전문가인 알베르토 망구엘은 밤의도서관에서 도서관은 질문을 구하는 곳이라고 했다. 도서관은 개인과 문화의 관계와 개인과 시간의 기억을 담아내는 책의 장소가 되어야 한다고 생각한다.

Location: Ha-dong, Yeoju-si, Gyeonggi-do, Korea
Program: Public Library
4F, Digital library, Café, Study room /
3F, Library, General book stack /
2F, Children library, Office /
1F, Library front yard, Lobby, Lounge, Multi-purpose space
Area: Site area 9,557㎡,
Bldg. area 511.84㎡,
Gross floor area 1,928.98㎡
Building scope: 1F–4F
Building height: 20.20m
Year: 2021 (be completed in 2022)
Client: Yeoju City

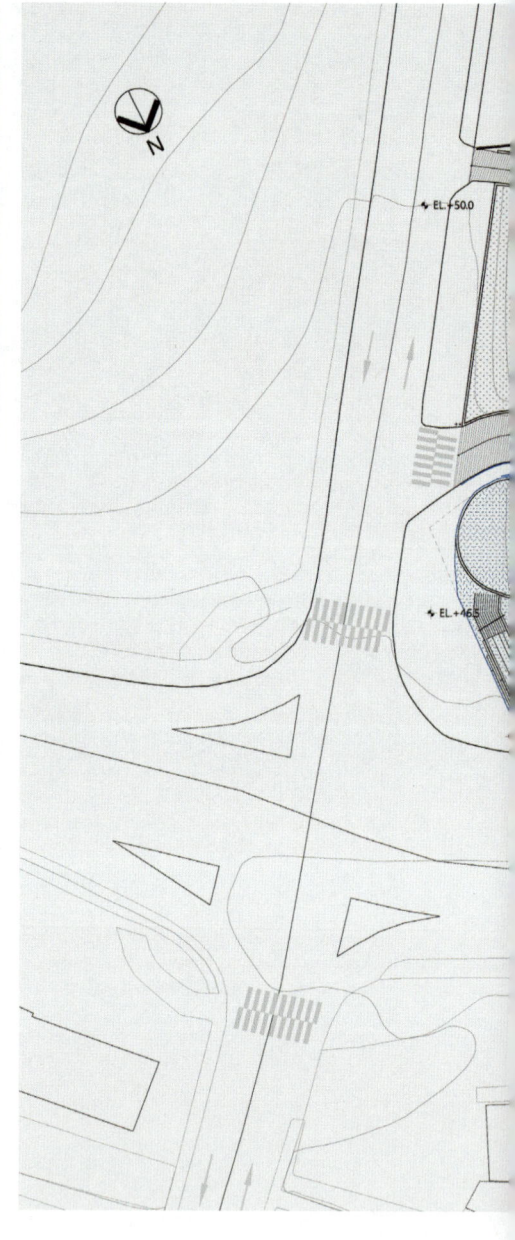

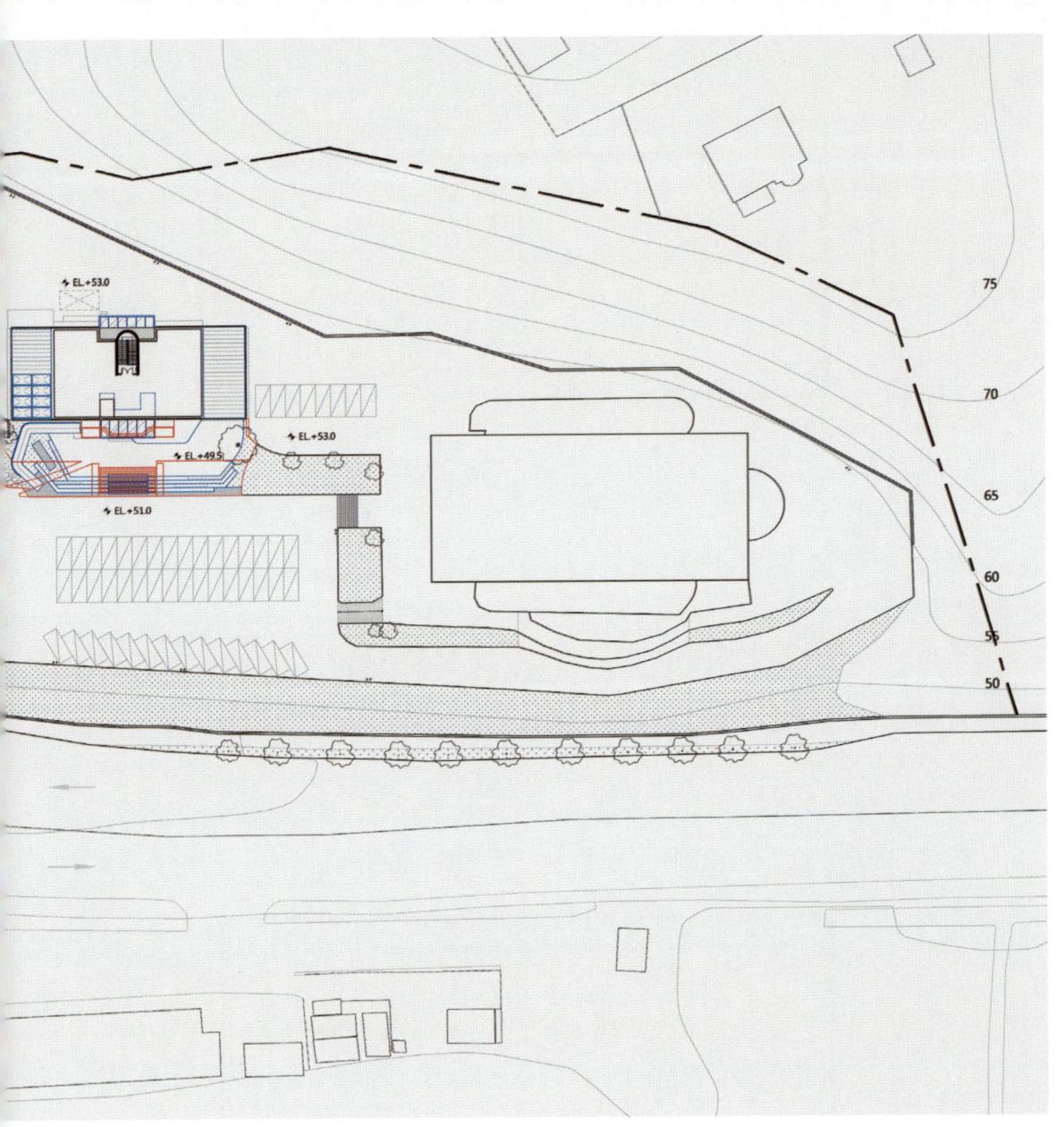

Site plan

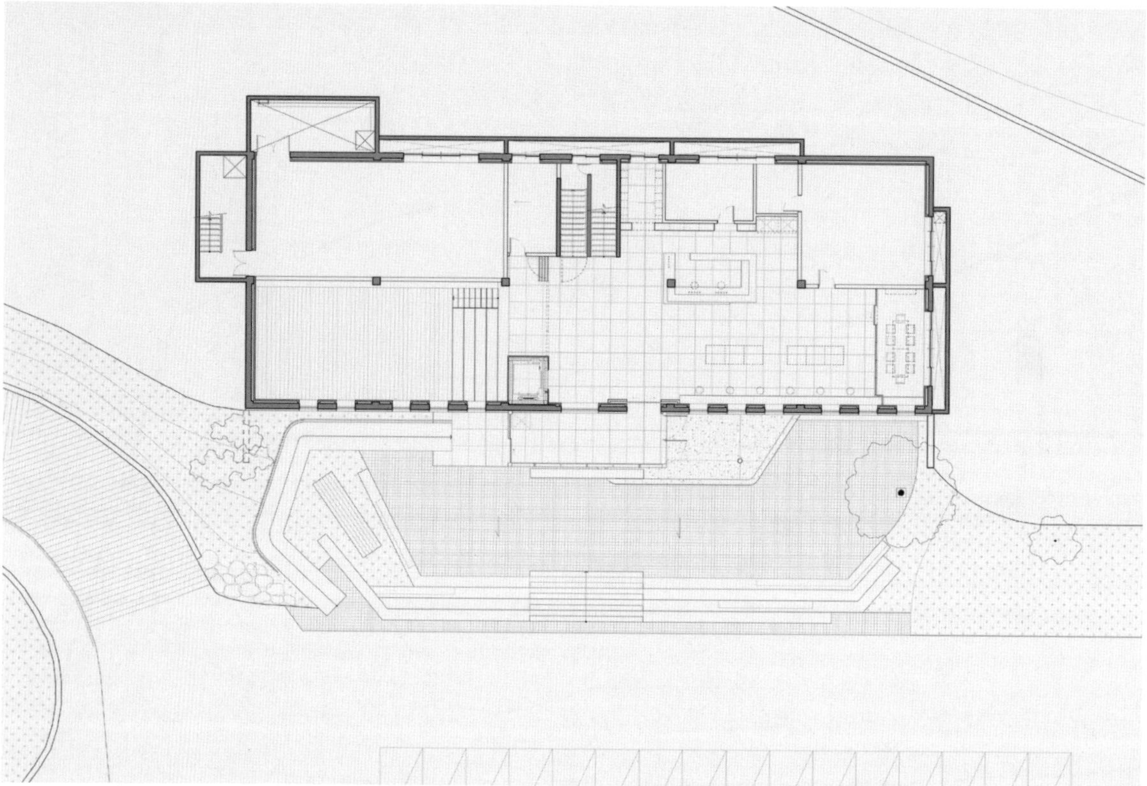

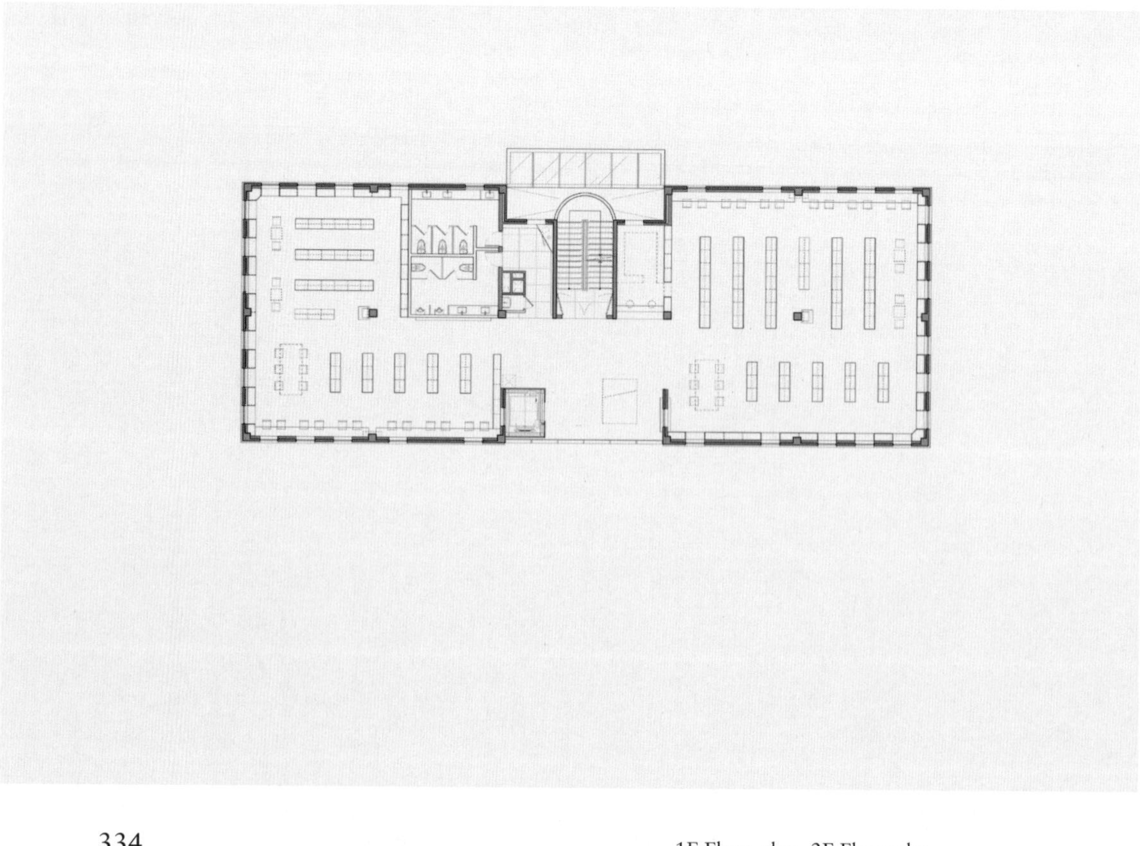

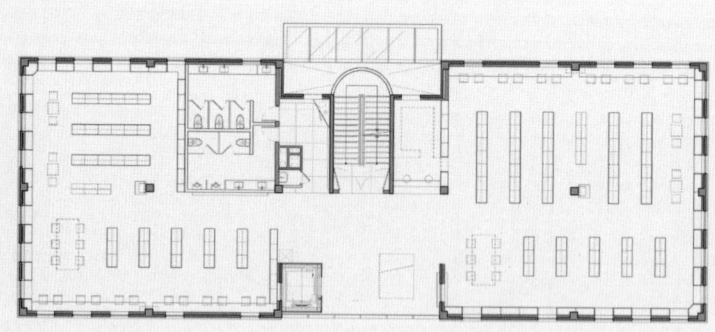

334 1F Floor plan, 2F Floor plan

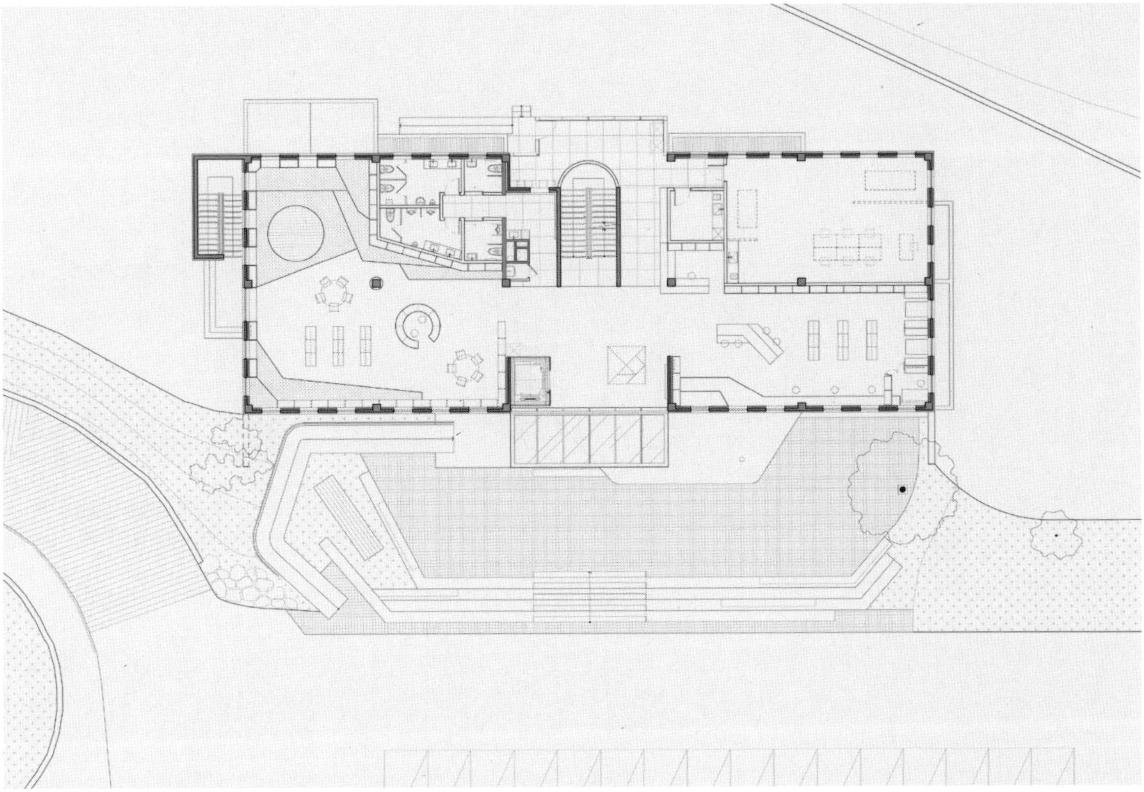

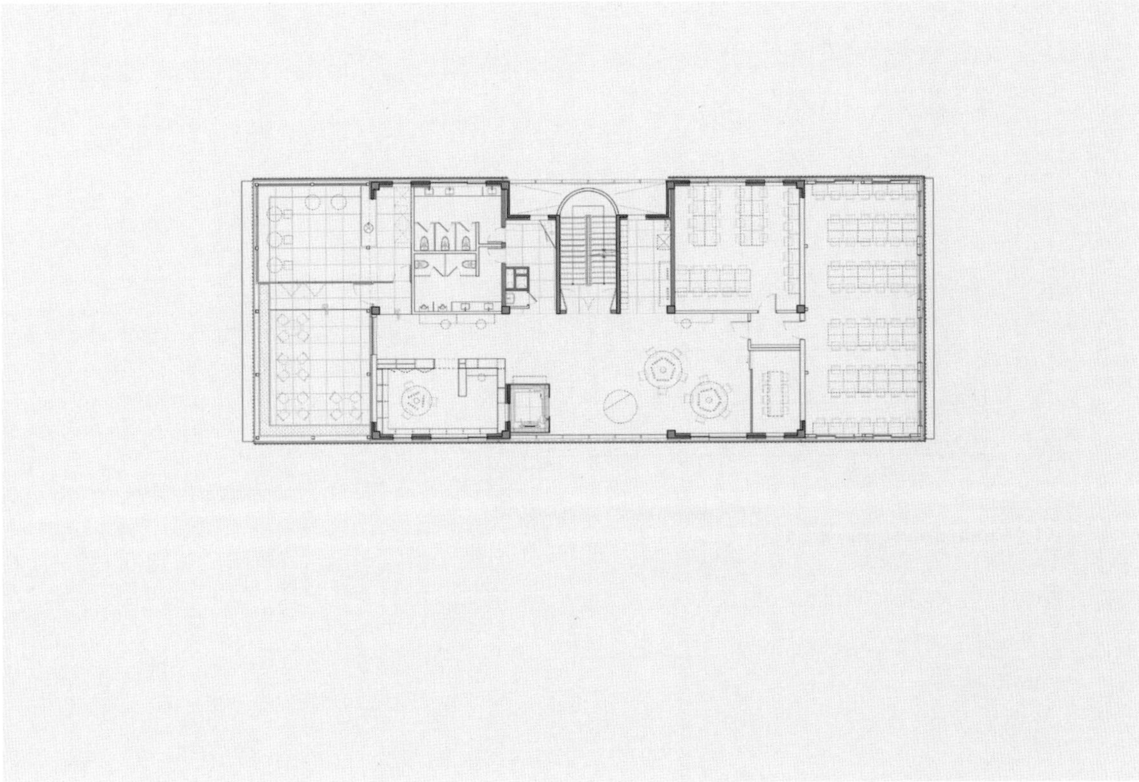

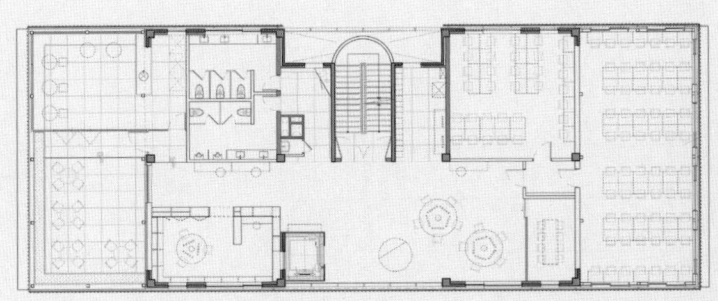

3F Floor plan, 4F Floor plan

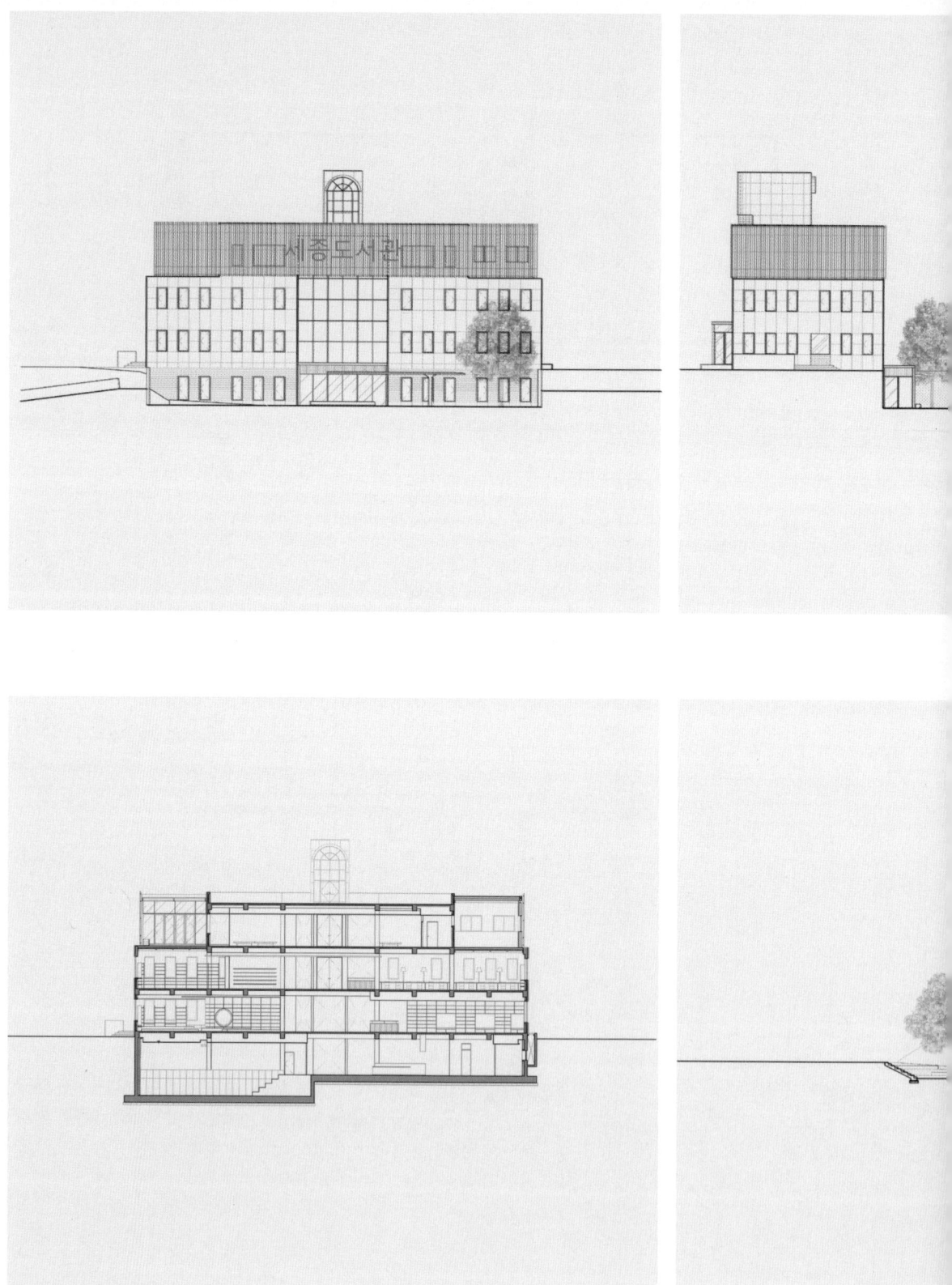

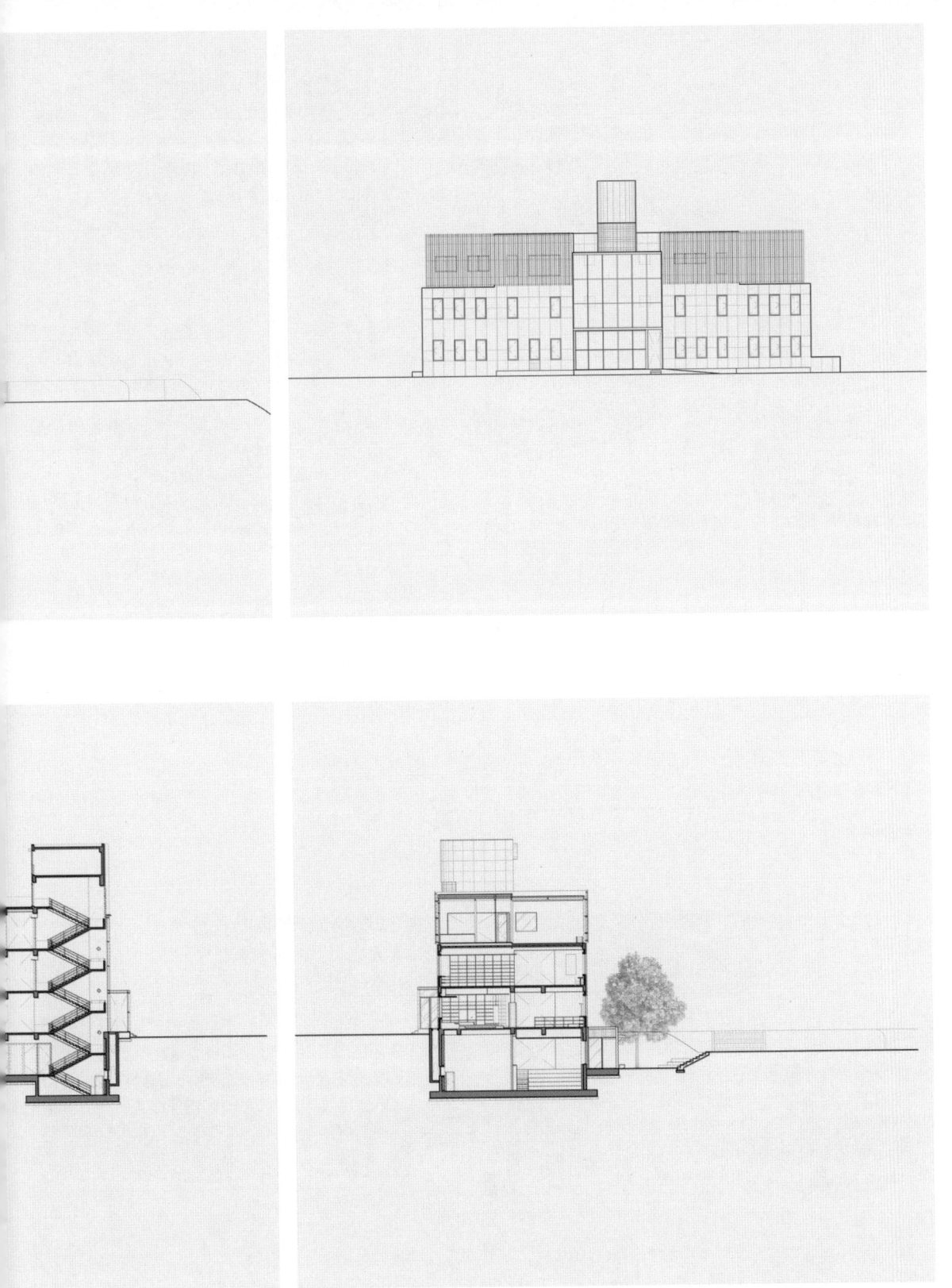

Elevation, Section

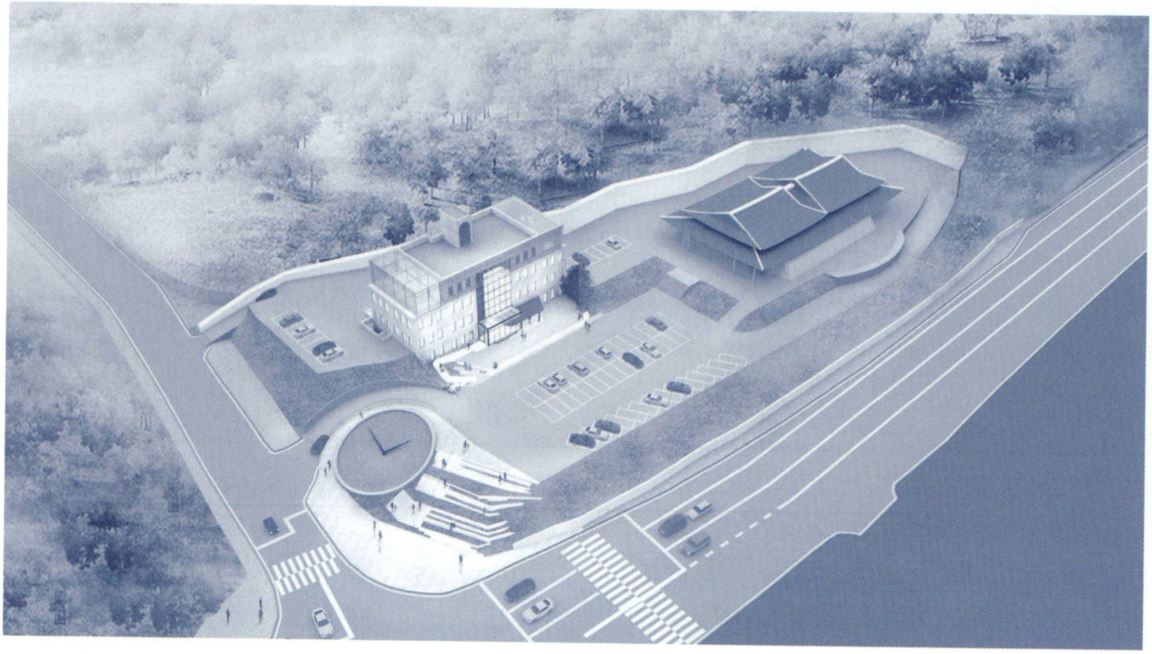

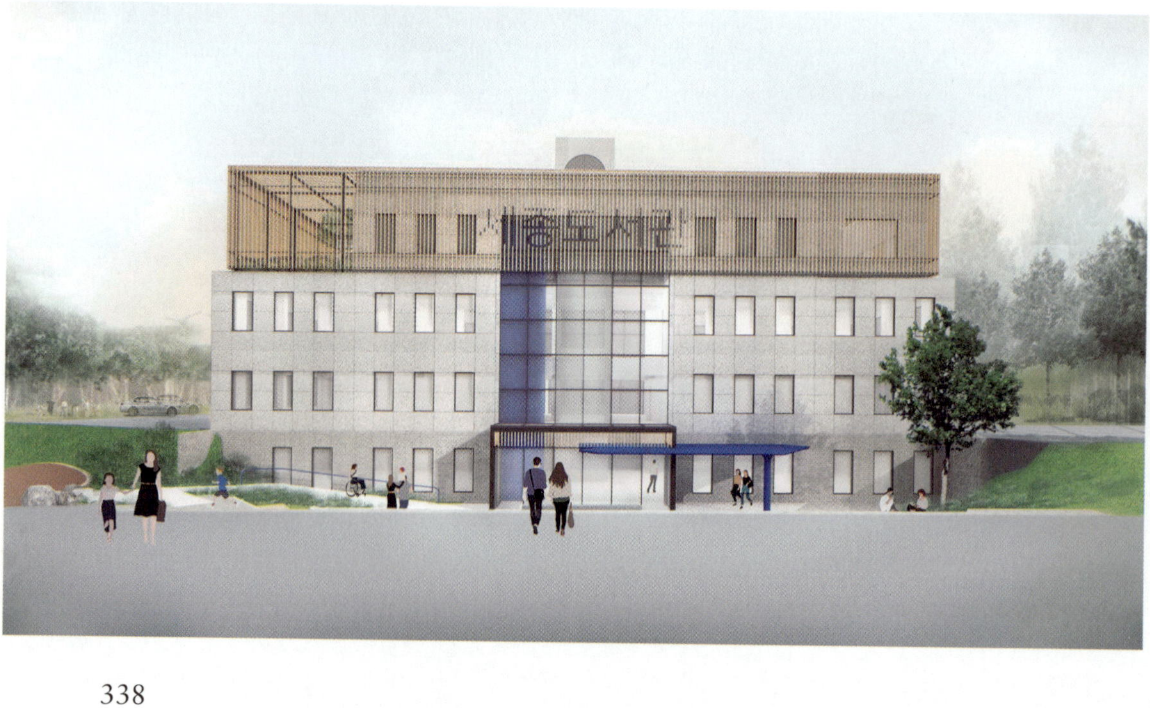

Perspective

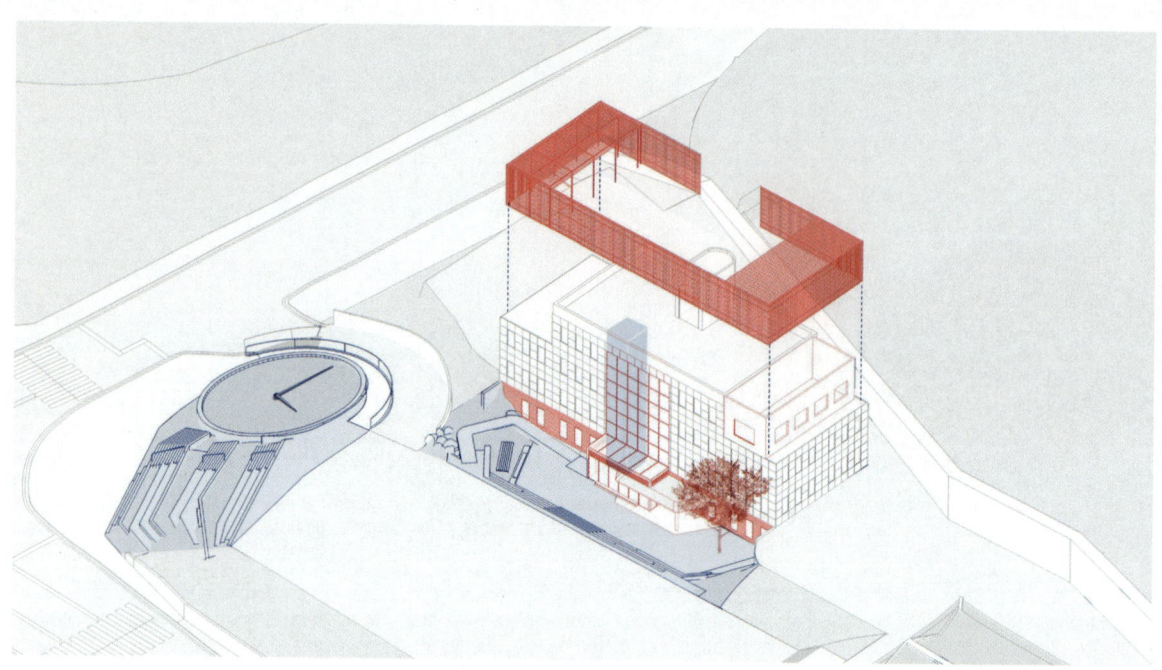

Concept diagram

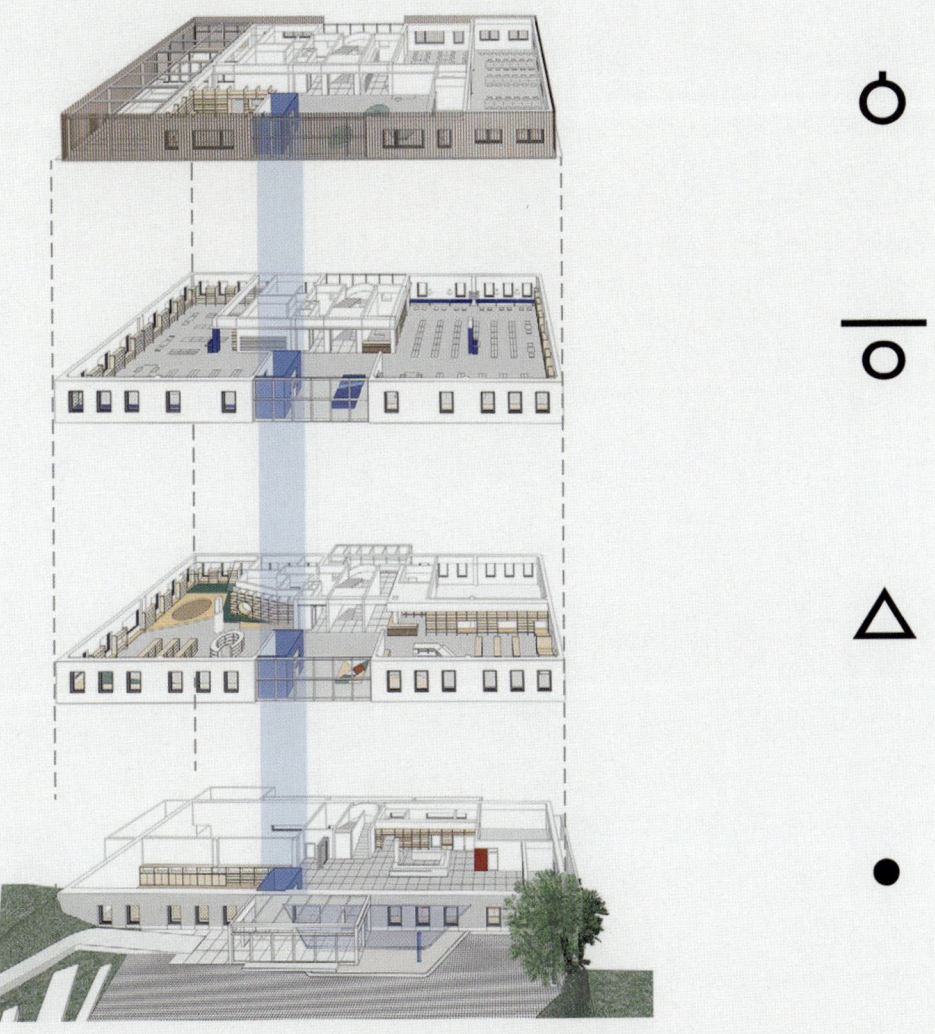

Program diagram

순창 달식탁 Dalsiktak

순창고추장마을은 순창군이 아미산 자락 순창읍 백산리 일대에 고추장 제조장인을 모아 1997년에 형성된 전통장류 민속마을이다. 마을의 규모는 8만4천㎡ 46가구로 가옥은 한옥으로 지었고 마을전체가 판매장이면서 제조장이다.

지리적으로 전라북도 내륙 섬진강가에 위치한 지역으로 일년 내내 습한 기후의 분지여서 겨울에도 발효가 잘되고 물이 많은 지역이다. 순창은 평균습도가 75% 이다. 우리나라 평균 습도는 연중 60~75% 이다. 습도가 높아지면 눈, 비, 이슬, 안개 확률이 높아진다. 습도가 높아지면 세균 곰팡이 번식이 활발해진다. 발효식품은 그 지역의 물과 토양과 기후의 영향을 받아 각기 다른 지역적 특징을 가지고 있어 흥미롭다.

부지는 고추장마을의 가장 안쪽에 위치해 있다. 지상층은 장독마당과 함께하는 한옥스테이, 지하층은 장류 제조장과 식당의 용도로 계획하였다. 기존 건물을 개축하고 새로운 건물을 설계하면서 계획한 세 개의 마당을 가장 중요한 건축적 장치로 두고 설계했다 기존 5칸 맞배지붕 한옥건물인 본채를 두고 현대식목구조로 사랑채를 신축하면서 ㄱ자집 앞마당을 계획하였다. 300여개 장독이 장관인 마당에 콩을 삶는 부뚜막과 수돗가 등 전통 작업장과 사이사이에 앵두나무, 목단, 맨드라미 등 우리 풀과 나무를 심어 장독마당을 두었다. 지상층과 지하층은 외부에서 입구가 분리되어 있으나 집안에서는 뒷마당으로 연결하는 동선을 계획하였다. 뒷마당은 한옥스테이와 식당의 중간높이에 조성되고 대나무숲 사이에 빈 마당이다. 이 곳에서 이장소의 이름인 달식탁과 어울리는 달밤에 남도공연 한마당을 상상해 본다.

Location: Baeksan-ri, Sunchang-eup, Sunchang-gun, Jeollabuk-do, Korea
Program: Hanok Stay, Restaurant, Jang Factory
Area: Site area 1,396㎡, Ground floor area 228.23㎡, Basement floor area 612.16㎡
Building scope: Ground floor, Basement floor
Year: 2020 (be completed in 2022)
Client: Jangluha Co. Ltd.

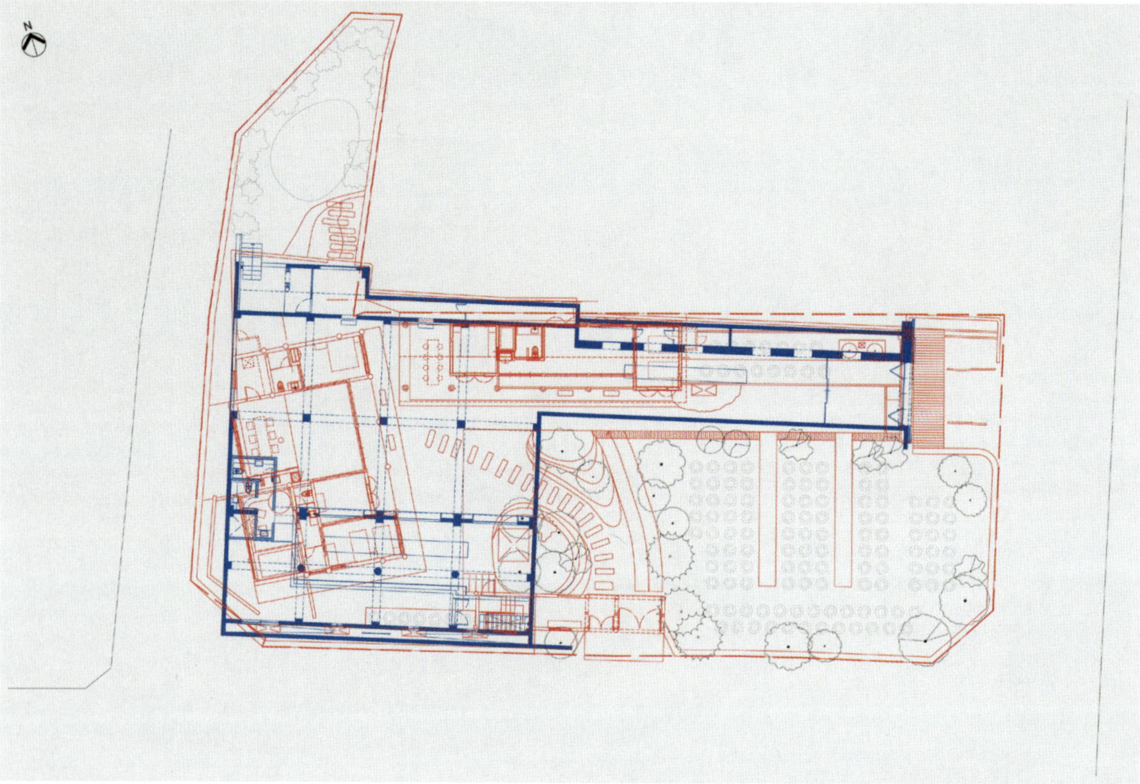

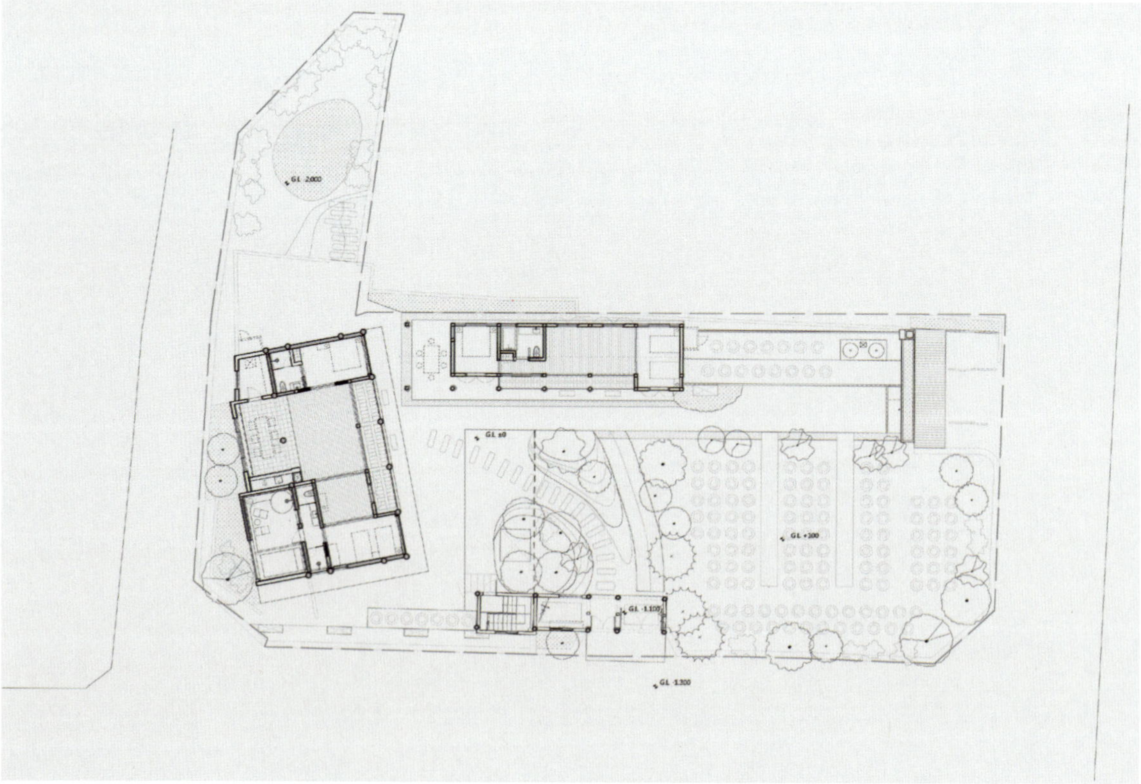

346   Ground floor plan

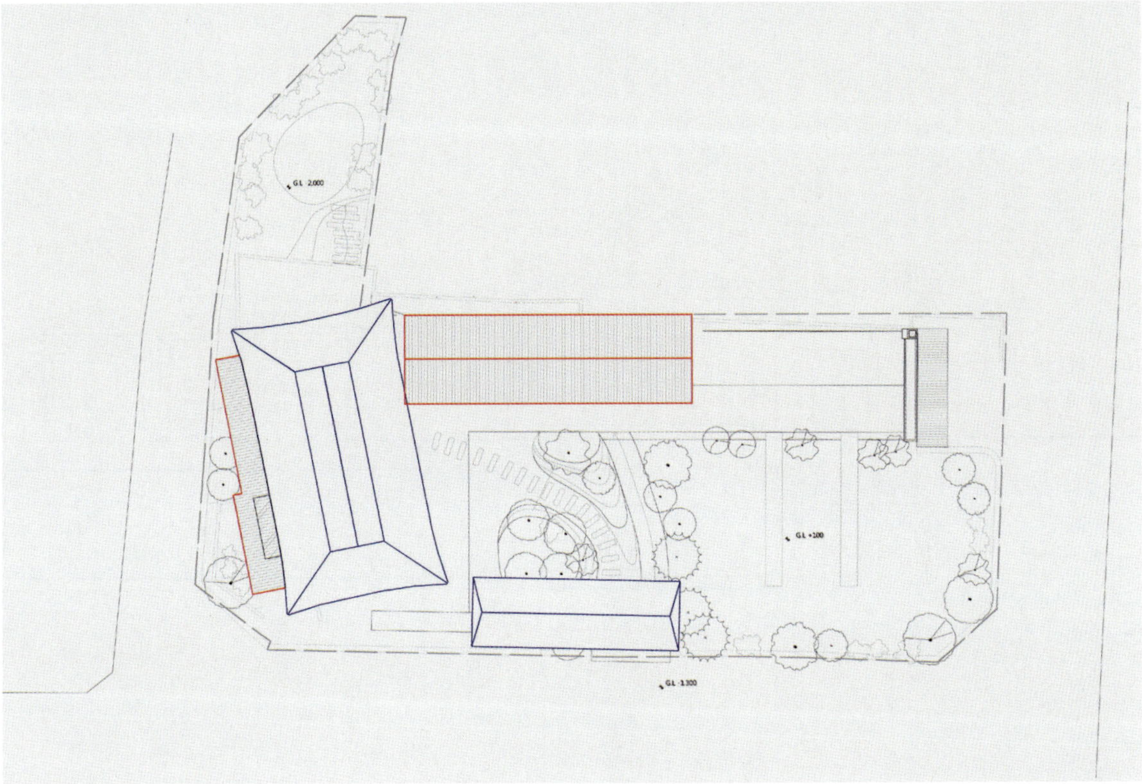

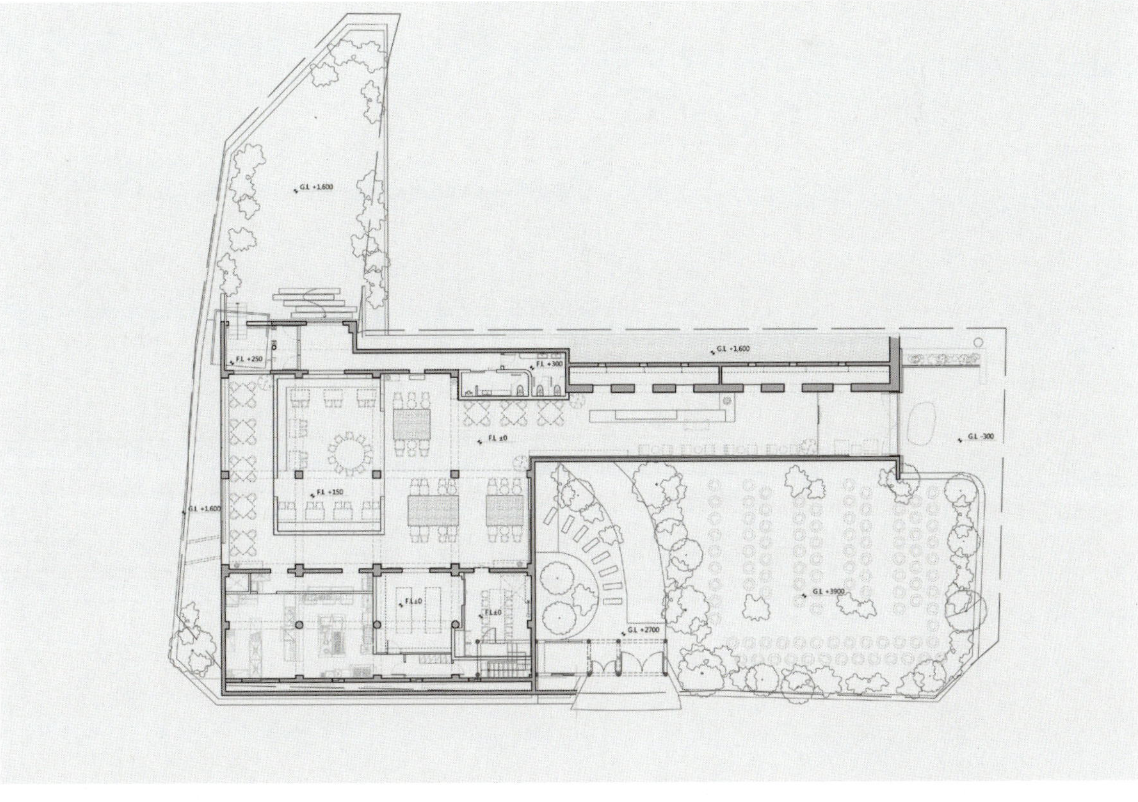

Roof plan, Basement floor plan

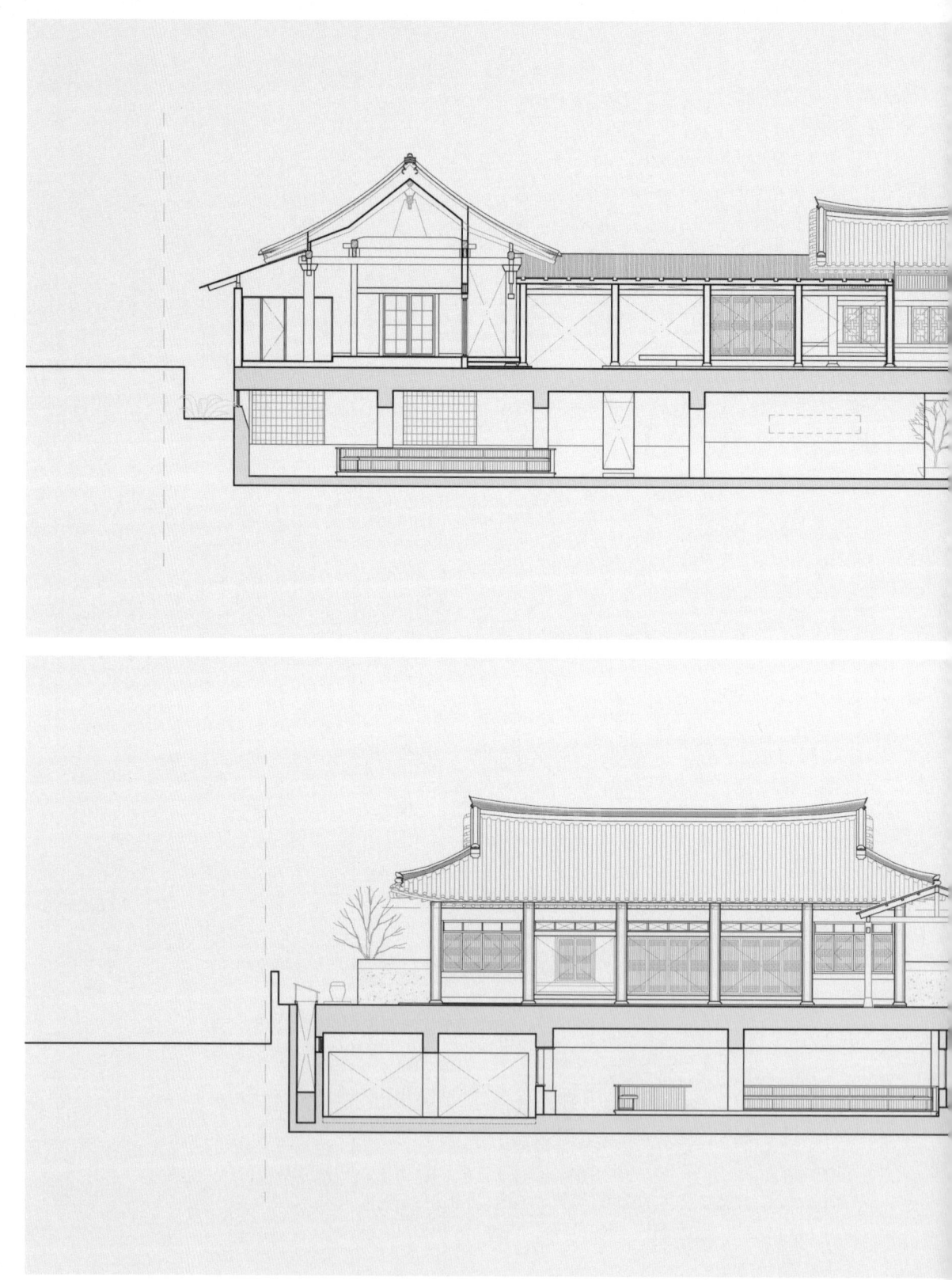

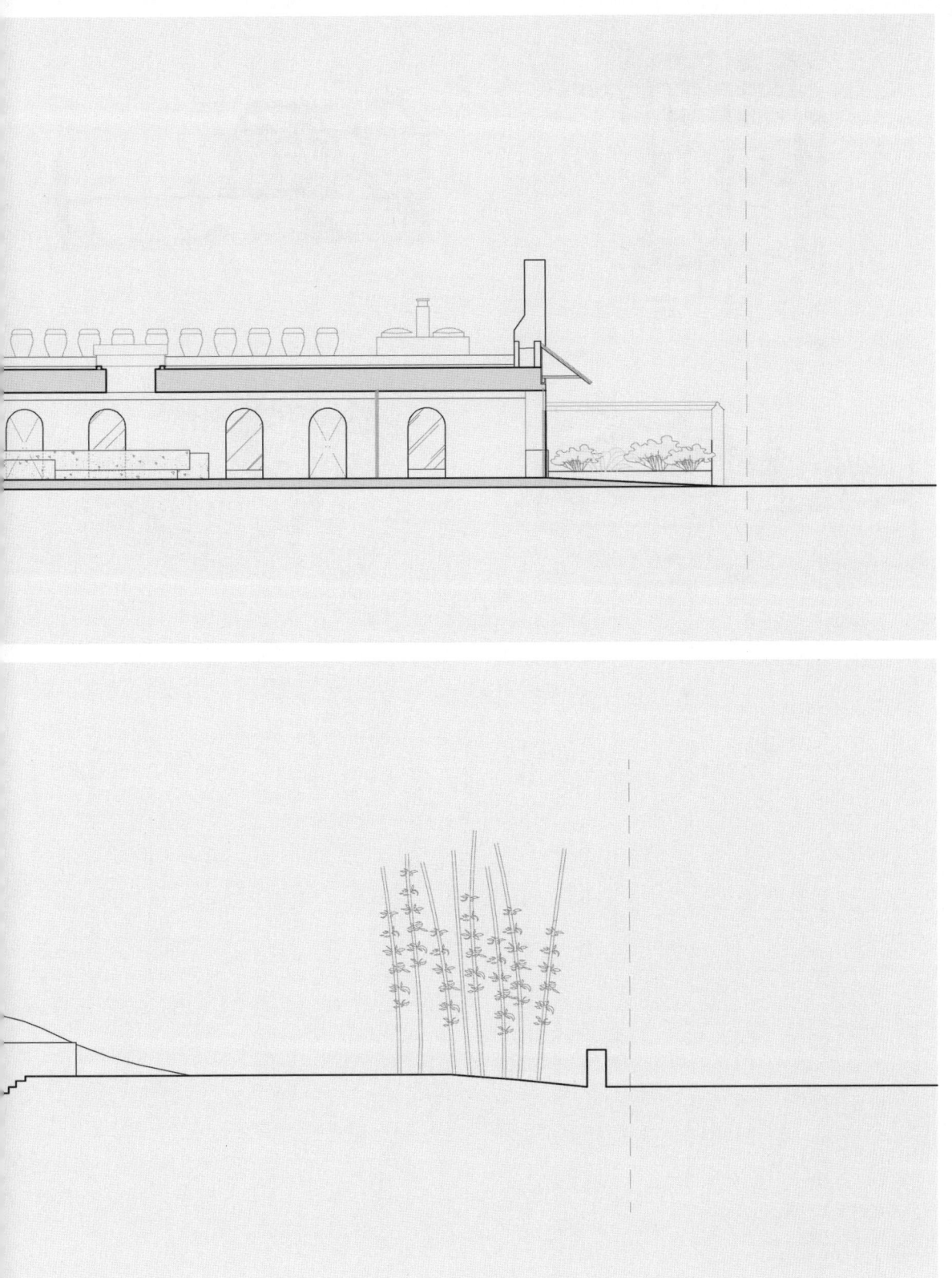

Longitudinal section, Cross section

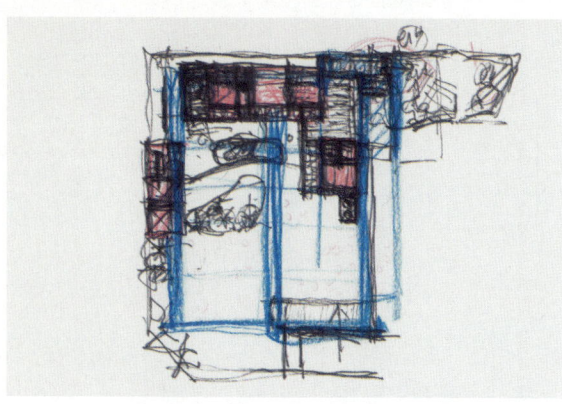

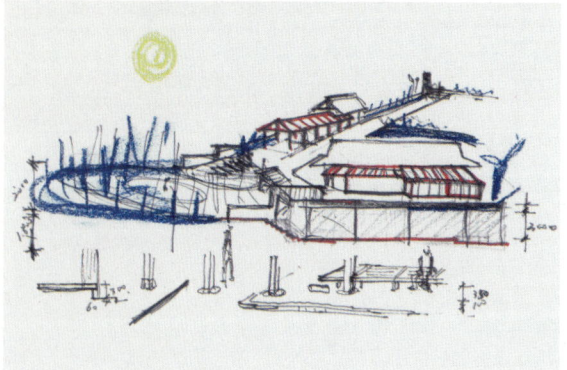
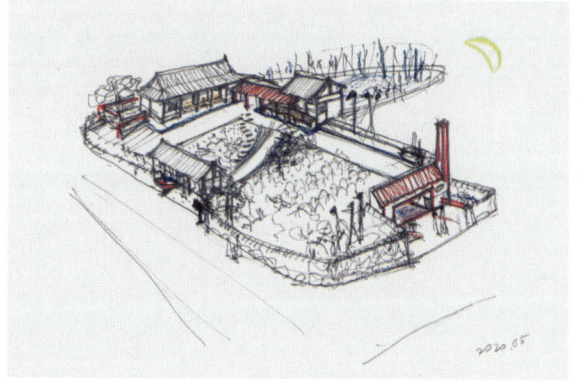

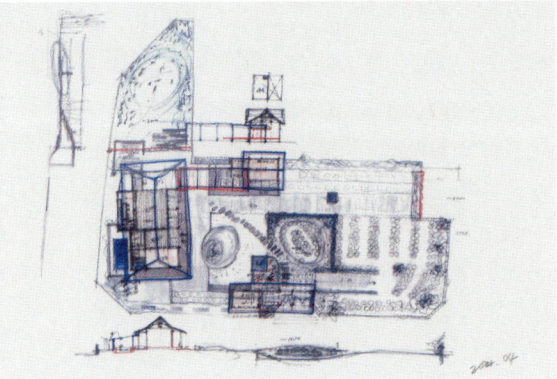
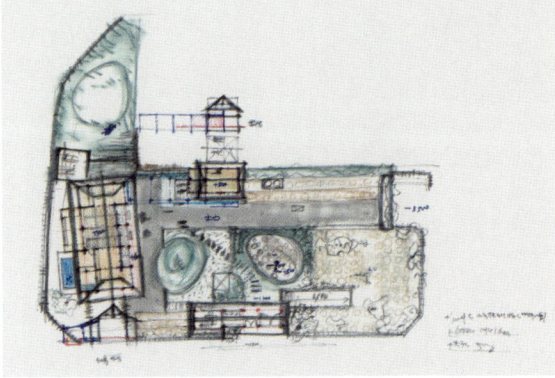

Sketch

경기실크 Urban Regeneration

도시는 다양한 원인으로 변화하고 성장한다. 도시는 마스터플랜으로 완성되는 것이 아니라 생물체처럼 점진적으로 변하고 진화한다. 우리 도시풍경은 도시와 건축의 개발과 미래의 결과물에 대한 가치보다 그 속에 현재의 삶을 담아 진화하고 지속되는 도시재생과 도시기억에 더욱 의미가 있을 것이다. 그것이 현재의 도시정체성이며 미래의 도시경쟁력의 주요한 요소이다. 재생은 장소에 대한 연구로 시작하여 창의적 비젼이 더해졌을 때 생명력을 갖게 된다. 도식화된 형식과 방식만 따르면 생명력이 없다. 자이미 레르네르가 도시침술에서 말하듯이 [꿈의 도시를 설계하기는 쉽다. 하지만 살아있는 도시를 재건축하려면 상상력이 필요하다. 영원히 끝나지 않을 도시전문가의 연구용역은 그만, 단순하고 상식적이며 인간적인 방식으로 지금 당장 할 수 있는 도시침술을 실행, 최소한의 개입으로 도시를 치료 해야한다.]

여주는 일제시대부터 남한강을 중심으로 근현대 역사의 중심지였고 여주시 원도심은 공동화와 노후화가 진행 중인 현재까지 행정과 상업의 중심지로 지역 잠재력을 가지고 있다. 원도심은 남북 1.2㎞ 동서 2.4㎞ 도보로 한 시간 내로 이동 가능한 컴팩트한 도시이다. 북쪽으로 남한강줄기인 여강과 남쪽으로 소하천인 소양천 사이에 위치하고 1960년대 조성된 도시구조를 가지고 있다. 원도심 중심의 도시재생 계획은 여주시의 정체성 확립에 여러 측면에서 바람직하다고 생각한다. 환경친화와 도시 정체성 만들기 관점에서 원도심 재생의 방식을 연구하고 있다.

여주 원도심내 유휴공간인 경기실크부지에 대한 기초설계를 진행했다. 경기실크는 여주시 하동에 1963년 건축된 잠업공장으로, 1990년대까지 경기잠업 연구소로 사용하던 시설이다. 도심 내에 남아있던 유휴시설로 잠업역사의 근대사가 기록되어있는 의미 있는 장소이다. 8995㎡의 대지에 건견고, 건견장 등으로 사용하던 8개의 건축물과 60여년 수령의 20그루의 은행나무와 목련나무 한그루가 있다. 이 장소를 경계 없이 열린 친환경 생태공원으로 구상한다.

공원 안에 문화 예술시설과 로컬상업 시설이 자연스럽게 연결되고, 공장 건축이 가진 단순하고 솔직한 구조를 살리면서 다양한 용도와 가변적 크기로 장소의 수명을 길게 하고, 기능의 변화를 수용하는 문화공간으로 계획한다.

Location: Ha-dong, Yeoju-si, Gyeonggi-do, Korea
Program: Culture park
Area: Site area 8,995.30㎡
Building scope: 8 buildings
Year: 2021 (be completed in 2025)
Client: Yeoju City

Site map

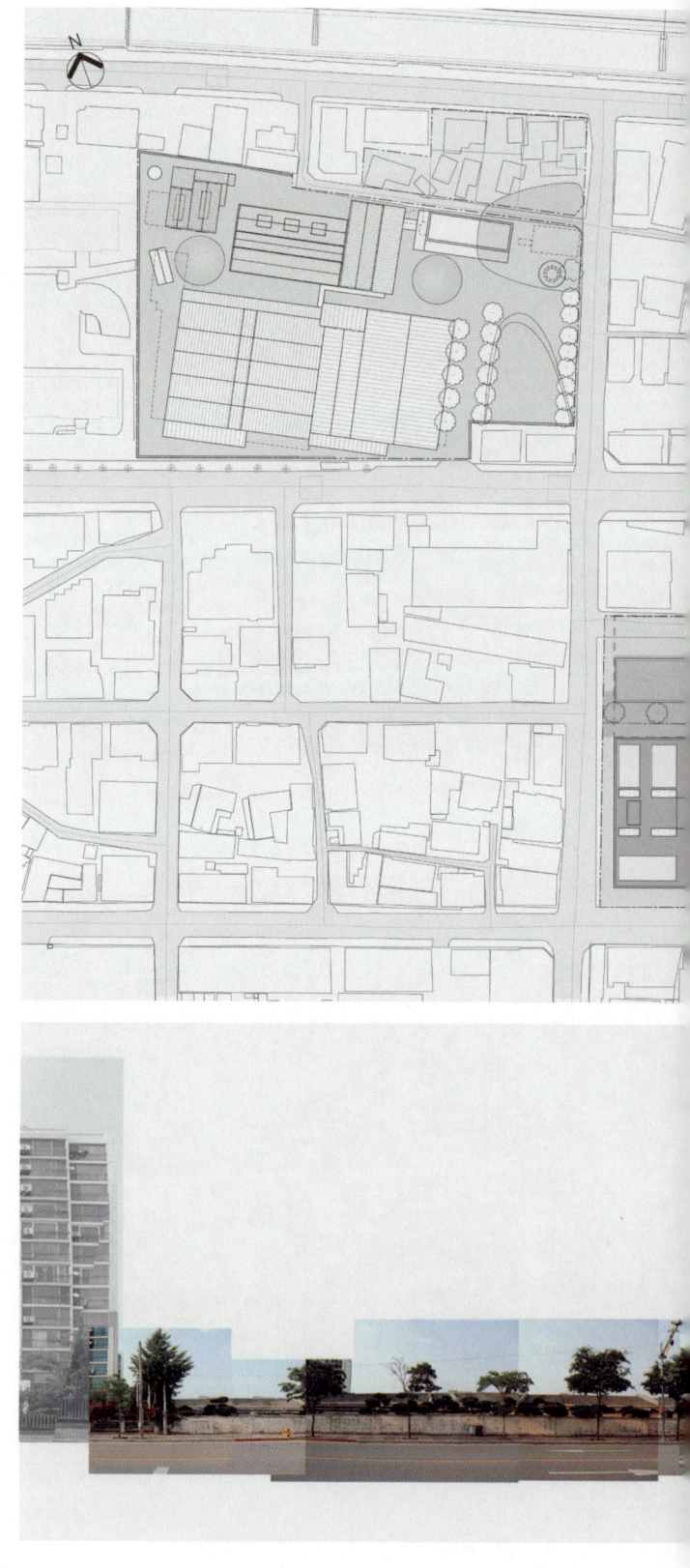

Site plan

Perspective: Culture park

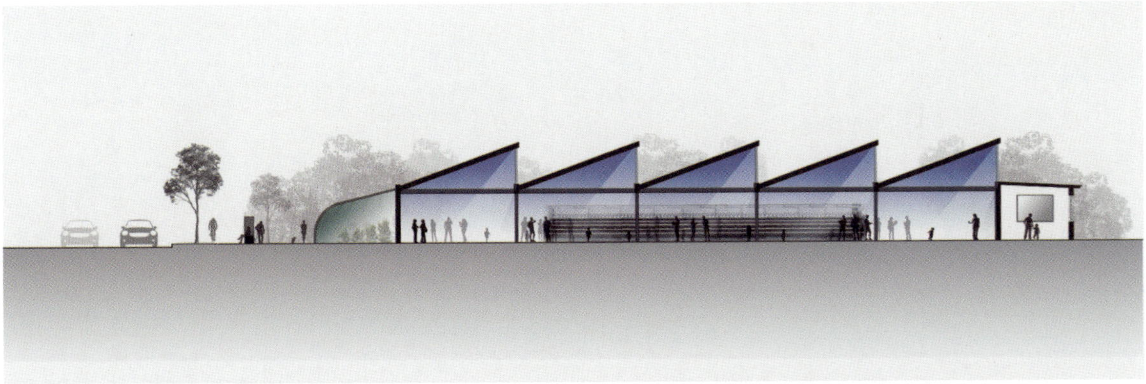

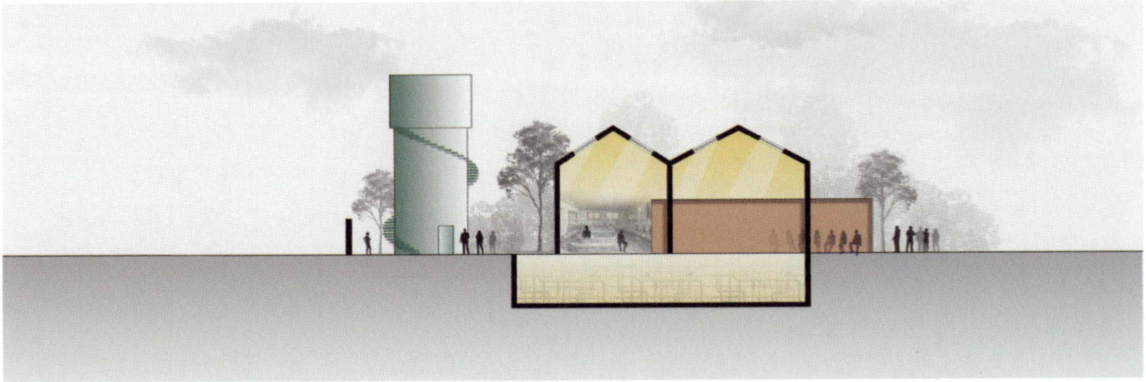

Program plan

Index

Architecture, Environment

2021
— Urban regeneration, 여주시 도시재생 프로젝트 (설계중)
— House, 양평 연수리 주택 (설계중)
— Public library, 세종도서관

2020
— Bathhouse, 파머스빌리지 목욕장
— Swimming pool, 상하농원 수영장
— Hanok stay, 순창 달식탁

2019
— Bathhouse, 파머스빌리지 목욕장
— Swimming pool, 상하농원 수영장
— Hotel, MOXY SEOUL

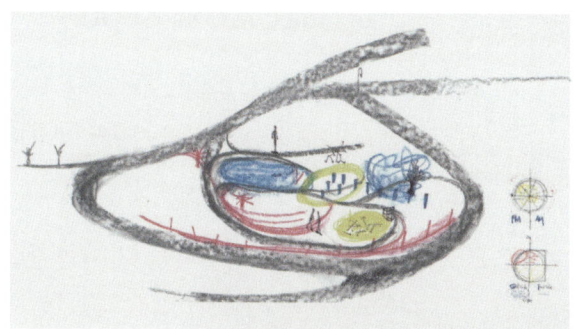

2018
— Farmer's village, 상하 파머스빌리지
— Hotel, 낙원동호텔 II

2017
— Sangha Farm Project, 상하농원 프로젝트
— Hotel, 낙원동호텔 II
— Office, 장충동사무실

2015
— Hotel, 판교호텔
— Hotel, 포도호텔 ANEX
— Co-working place, 장충동 Co-Working place

2014
— Hotel, 낙원동호텔 I
— Co-housing, 장충동집

2012
— Hotel, 머큐어 소도베 호텔
— House, 산집
— Church, 방배동 삼호교회

2011
— Hotel, 머큐어 소도베 호텔
— House, 양수리 주택
— House, 가평 주택

2010
— Office, 자곡동사무실
— The Dining Hosoo, 석촌호수 더 다이닝 호수
— Café Papillion, 석촌호수 빠삐용
— Hotel, 역삼동 호텔

2009
— Seokchon lake project, 석촌호수프로젝트
— Art center Namsan, 서울문화재단 '남산예술센터'
— House, 시흥동 주택
— Office, 삼성동 사무실

2008
— Townhouse, 평창 타운하우스
— Church, 연희중앙교회

2007
— Beauty salon Rejouir, 레쥬이
— Flag shop, 'Cartier' Seoul

2006
— Environment, 잠실 재건축 아파트 지구환경설계
— Manual, GS 칼텍스 주유소
— House, 평창동 주택
— Complex sports center, 한남 스포랜드

2005
— Broadcast, MBC 일요일 일요일 밤에 '러브하우스'
— Restaurant, 스톤그릴

2004
— Office building, 해바라기 빌딩
— Nursing town, 용인 'Nursing town'
— Broadcast, MBC 일요일 일요일 밤에 '러브하우스'
— House, 반포 주택

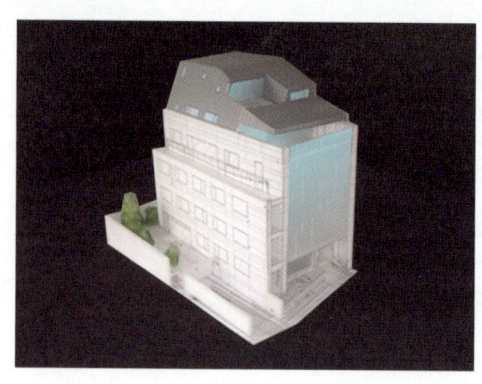

2003
— Kindergarten, 관악구립 '서원 어린이집'
— Broadcast, MBC 일요일 일요일 밤에 '러브하우스'
— Film academy, 영구아트필름 영화소

2002
— Multiplex, 'PEN' Building
— Hotel, 체리호텔
— Dept. store, 롯데월드 백화점

2001
— Office building, '세라텍' 사옥

2000
— Multiplex, Game Stadium 'Exetainer'

1999
— Multiplex, 복합문화공간 'TUBE'

Interior, Renovation

2021
— Public library, 세종도서관

2020
— Bathhose, 파머스빌리지 목욕장
— Swimming pool, 상하농원 수영장
— Jang factory, 순창 달식탁

2019
— MOXY hotel, MOXY SEOUL
— Office, 자곡동사무실

2018
— Farmer's village, 상하 파머스빌리지
— Hotel, 낙원동호텔 II

2017
— Farmer's village, 상하 파머스빌리지

2016
— Concept store, beyond closet
— Concept store, PLAC
— Hotel, 히든 클리프 호텔

2015
— Hotel, 판교호텔
— Dept. store, 롯데백화점 잠실점 식당가
— Housing, 수원 호매실 세종타운 721

2014
— Hotel, 낙원동호텔 I
— Co-housing, 장충동집
— Dept. store, 롯데백화점 본점 식당가

2013
— Café, CGV 카페
— Church, 방배동 삼호교회
— Piano studio, 서교동 피아노 스튜디오
— Co-housing, 통의동집
— Flag shop, 현대백화점 무역센터점 'Space null'

2012
— Hotel, 머큐어 소도베 호텔
— House, 산집
— Manual, 암웨이 브랜드 플라자
— Church, 방배동 삼호교회
— Dept. store, 신세계백화점 의정부점 식당가

2011
— Dept. store, 신세계백화점 강남점 식당가
— Dept. store, 롯데백화점 본점 식당가
— Manual, Beauty hair Salon 'FELIA'
— Clinic, 연세아이리스 클리닉

2010
— The Dining Hosoo, 석촌호수 더 다이닝 호수
— Café Papillion, 석촌호수 빠삐용
— Dept. store, 롯데백화점 영등포점 식당가
— Dept. store, 신세계백화점 인천점 식당가
— Dept. store, 롯데백화점 청량리점 식당가
— Bakery, 한화 'Eric Kayser'

2009
— Dept. store, 신세계백화점 영등포점 식당가
— Restaurant, 롯데백화점 본점 'Chopstick Garden'
— Flag shop, 현대백화점 압구정점 'Space null'
— Manual, 아모레퍼시픽 아리따움
— Seoul design olympiad, 서울 디자인 올림픽
2009
— Manual, 중국 대련 해부경전 아파트

2008
— Townhouse, 평창 타운하우스
— Gallery, 론첼갤러리
— Hotel, 라미르 호텔
— Church, 연희중앙교회
— APT. Complex, 서해건설 홍보관
— Dept. store, 롯데백화점 잠실점 식당가
— Flag shop, Select shop 'Space null'
— Restaurant, Seafood buffet 'Spongy II'
— Manual, 롯데리아 카페
— Resort town, 제주 서해 리조트

2007
— Beauty salon Rejouir, 레쥬이
— Flag shop, 'Cartier' Seoul
— Dept. store, 롯데백화점 식당가
— Training institute, 우영전자 연수원
— Manual, GS 칼텍스 'Joymart'
— Manual, 미국 버지니아 '요고베리'
— Dept. store, Coex mall Food Court
— Dept. store, 신세계백화점 죽전점 식당가

2006
— Manual, GS 칼텍스 주유소
— Wine bar, Puit et Mur
— House, 평창동 주택
— Office, Oracle Entertainment
— Dept. store, 롯데백화점 영등포점 식당가
— Dept. store, 롯데백화점 잠실점 식당가
— Restaurant, Seafood buffet 'Spongy'
— Office, 에버그린 법률사무소
— Office, 미디어 코프
— Gallery, 공근혜 갤러리

2005
— Broadcast, MBC 일요일 일요일 밤에 '러브하우스'
— Dept. store, 롯데백화점 본점 식당가
— Dept. store, 롯데백화점 잠실점 식당가
— Dept. store, 현대백화점 신촌점 식당가
— Dept. store, 신세계백화점 본점 식당가
— Restaurant, 스톤그릴
— Korean cuisine, 한국집
— House, 방배동 주택
— Gallery, W 갤러리

2004
— Broadcast, MBC 일요일 일요일 밤에 '러브하우스'
— Dept. store, 롯데백화점 광주점 식당가
— Dept. store, 롯데백화점 전주점 식당가
— Dept. store, 롯데월드 'Café Street'
— Manual, 유지승 미용실
— Share house, '세움' 고시원
— House, 반포 주택

2003
— Kindergarten, 관악구립 '서원 어린이집'
— Broadcast, MBC 일요일 일요일 밤에 '러브하우스'
— Film academy, 영구아트필름 영화소
— Dept. store, 롯데백화점 강남점 식당가
— Dept. store, 롯데백화점 대구역사점 식당가
— Office, 에버그린 법률사무소
— Restaurant, Beer bar 'Gooro'
— Showroom, 'Kartell Vitra' 쇼룸
— Multiplex, 'Theater 2.0' & 'Café Comm'
— House, 방이동 빌라트
— House, 목동 주택

2002
— Multiplex, 'PEN' Building
— Hotel, 체리호텔
— Dept. store, 롯데월드 'Character Bazaar Zone'
— Dept. store, 롯데월드 '다쥬르'
— Dept. store, 롯데월드 'Time to Time'
— Multiplex, '매니아 DVD' Flagshop
— Café, 카페 '베니스'
— Café, 카페 '소고'

2001
— Office building, '세라텍' 사옥
— Dept. store, 롯데백화점 동래점 식당가
— Dept. store, 롯데백화점 서면점 식당가
— Dept. store, 롯데백화점 일산점 식당가
— Restaurant, Beer bar 'JugJug' in SFC
— Office, '미디어 2.0' 오피스
— Café, 카페 'Moma'
— Embassy, 영국대사관저
— Retail shop, 'Music Library'

2000
— Multiplex, Game Stadium 'Exetainer'
— Dept. store, 롯데백화점 본점 식당가
— Dept. store, 롯데백화점 강남점 식당가
— Restaurant, Beer bar 'JugJug' in Coex
— Restaurant, Japanese pub 'Akebono'
— Multiplex, 'Lycos Music'
— Clinic, 'Kan's E.N.T' 클리닉
— Office, 'Solo' 오피스
— Office, 'Cine bus' 오피스

1999
— Multiplex, 복합문화공간 'TUBE'
— Hotel, '코모도 호텔'
— Dept. store, 롯데백화점 본점 식당가
— Dept. store, 롯데백화점 영등포점 식당가
— Dept. store, 롯데백화점 영등포점 역사 Food Court
— Dept. store, 롯데월드 '라메르'
— Office, '미디어 Lab.' 오피스

Artwork, Exhibition

— illi chair, Furniture, 파머스빌리지, 2018

— 댄싱파빌리온 돛대닻, 서울댄스프로젝트, 선유도, 2015

— Individual dreamer's houses, 협력적 주거 공동체, 서울시립미술관, 2014

— Dawn, Photo artwork, 머큐어 소도베 호텔, 2012

— For Guestroom, Furniture+Lighting, 머큐어 소도베 호텔, 2011
— Day Dream House, Seoul Living Design Fair, Seoul Coex, 2011
— Stuff, Photo artwork, Lotte department store, 2011

— Moonshine, Artwork, Café papillion, 2010
— Optical Art, Artwork, The dining hosoo, 2010
— 25 things_드러나지 않는 사물들, Exhibition, Takeout Drawing, 2010

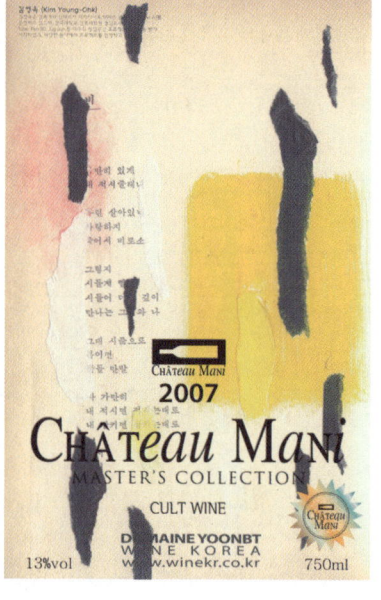

— Weak Boundary, 미술에 대해 알고싶은 일곱가지 것들, 이천아트홀, 2009
— 멋_서울 상해 오늘을 이야기하다, Exhibition, Shanghai Culture center, 2009
— 서울 디자인 올림픽, Jamsil Sports Complex, 2009
— Index Garden, Installation, Namsan art center, 2009
— Wine Label, 마스터즈 콜렉션, Chateau Mani, 2009

— Chair & Drawing, Exhibition, Space null, 2008
— Chair for null, Furniture, Space null, 2008
— Botanization, Artwork, Spongy Ⅱ, 2008
— Under the sea, Lighting, Spongy Ⅰ, 2008
— Bookcase, Furniture, Lonchel gallery, 2008

— Bath Bar, Housing Brand Fair, Seoul Coex, 2007
— Drawing, Designer's Sketch, Won gallery, 2007
— 바람나무, Installation, Jamsil crossroads, 2007

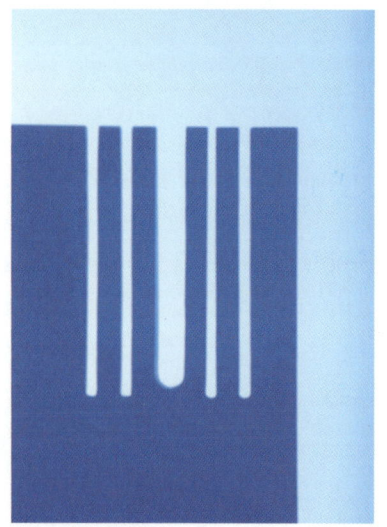

— Mobile 106, Artwork, Anglican Building, 2005
— Salon Cabinet, Furniture, Beauty salon Rejouir, 2005
— Pool House, Seoul Living Design Fair, Seoul Coex, 2005
— Stone Poem, Artwork, Stonegrill, 2005
— 실그림, Artwork, 한국집, 2005

— Chair imagination, Seoul Design Festival, SETEC, 2004
— Dream of Earth, Remodeling Fair, Seoul Coex, 2004

— Painting, Artwork, Gooro, 2003

— Akebono, Photo artwork, Akebono, 2001

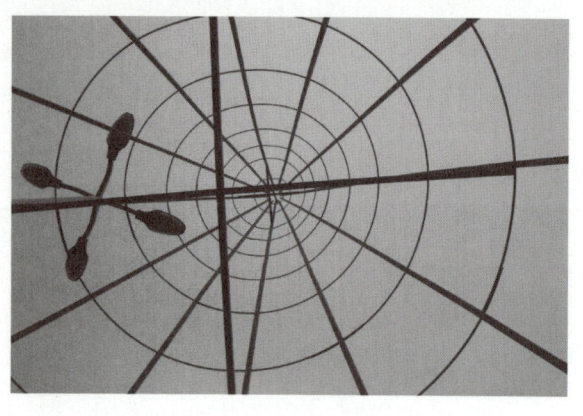
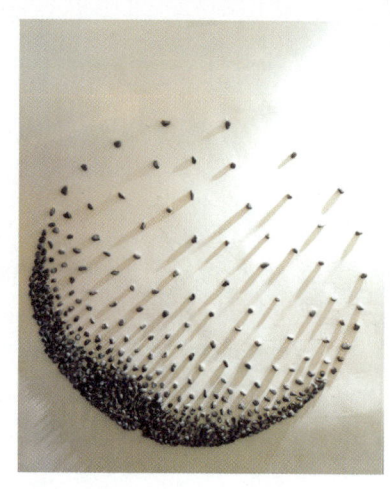

Publication

— "WORKS BOOK 2000-2016" 작업집 출간, 미디어버스, 2017

— "3rd Scape" 협력적 주거 공동체 공저, 서울시립미술관, 2015

— "Scanning Gestures" 정체없는 젠체 공저, 서울문화재단, 2014

— "건축가가 말하는 건축가" 공저, 부키출판사, 2011

— "머리 좋은 아이로 키우는 집" 감수, 삼성출판사, 2007

— "숨쉬는 집" 출간, 중앙 M&B, 2004

로담(주)
Rodemn A.I Co. Ltd Rodemn
Architecture, Interior
Rodemn A.I는 1999년 설립된 설계 사무소이다. 건축 내외부 공간과 그에 작용하는 요소에 대한 통합된 디자인으로 고유한 장소의 가치를 만들어 가고 있다.

김영옥
KIM YOUNGOK
Rodemn A.I 대표
건국대학교 건축전문대학원 겸임 교수
University of Brighton UK 방문교수

서울시립대학교 건축공학과, 건축공학사
홍익대학교 도시건축대학원, 공학석사
이화여자대학교 색채연구소, 수료
서울대학교 환경대학원
　도시환경미래전략과정, 수료

KIA 〈한국건축가협회〉정회원
KOSID 〈한국실내건축가협회〉정회원
충청남도 공공건축 자문위원 (2018-현재)
LG 하우시스 디자인 자문위원
　(2008-2012)
익산시 원도심활성화사업 자문위원
　(2015-2018)
익산시 경관위원회 자문위원
　(2015-2018)
군산경관위원회 공공디자인 자문위원
　(2009-2011)
국민 권익 위원회 주택과 자문위원
　(2006-2008)
MBC 〈러브하우스〉 진행 (2003-2005)

Publication
2004 〈숨 쉬는 집〉 출간 중앙 M&B
2007 〈머리 좋은 아이로 키우는 집〉 감수 삼성출판사
2009 〈건축가가 말하는 건축가〉 공저 부키출판사
2014 〈정체없는 젠체〉 공저 서울문화재단
2015 〈협력적 주거 공동체 Co-living Scenarios〉 공저 서울시립미술관
2017 〈WORKS BOOK 2000-2016〉 출간 미디어버스

Award
2013 The winner of 한국적 생활문화 우수공간, "산집", 문화체육관광부
2010 The winner of Korea Golden Scale best design award, "the dining hosoo", KOSID
2010 The excellent award of Asia Pacific Space Design Award, "cafe papillion", APSD
2009 The winner of Korea Golden Scale best design award, "cafe papillion", KOSID
2008 The special prize of Korea Golden Scale best design award, "space null", KOSID
2006 The context prize of Maru Design award, "evergreen law office", MARU
2003 The excellent award of Japanese Commercial Design award, "cherry hotel", JCD
2000 The excellent award of Korea Design award, "TUBE", KIID

Exhibition
2015 서울댄스프로젝트 〈댄싱파빌리온 돛.대.닻〉, 선유도 Seonyudo Park, Seoul
2014 협력적 주거 공동체 Co-living Scenarios 〈3rd SCAPE〉, 시립미술관 SeMA, Seoul
2011 디자이너스 초이스 〈DayDreamHouse〉, Seoul Living Design Fair, Seoul Coex
2010 드러나지 않는 사물들 〈25 things〉, Take out drawing, Seoul
2009 미술에 대해 알고싶은 7가지 것들 〈허약한경계〉, Icheon Art hall, Icheon 이천아트홀
2009 상해문화원 초청전시 〈멋〉, Culture Center, Shanghai
2009 마스터즈 콜렉션 와인라벨, Chateau Mani, Youngdong
2008 의자와 드로잉전 〈의자와 드로잉〉, Space null, Seoul
2007 환경 설치물 〈바람나무〉, Jamsil crossroads, Seoul
2007 디자이너스 초이스 〈Bath Bar〉, Housing Brand Fair, Seoul Coex
2007 디자이너 스케치전, Won gallery, Seoul
2005 "의자 상상전", Seoul Design Festival, Seoul Setec
2005 디자이너스 초이스 〈Pool house〉, Seoul Living Design Fair, Seoul Coex
2004 작가특별전 〈흙의 꿈〉, Remodeling Fair, Seoul Coex

Teaching & Lectures
2006-현재 겸임교수, 건축전문대학원, 건국대학교
2002-2005 겸임교수, 건축 디자인, 경원대학교
2001-2002 겸임교수, 실내 디자인, 서울여자대학교
2000 교수, 실내 디자인, 서울예술대학
2012 Lecture, University of Brighton, U.K.
2011 Lecture, Graduate School of Architecture & Urban Design, 홍익대학교
2010 Conference, East gathring, 일본 도쿄
2009 Lecture, Department of Design, 숙명여자대학교
2009 Lecture, College of Urban Sciences, 서울시립대학교
2009 Lecture, Design Center, LG 하우시스
2009 Seminar, Korea Cultural Service Shanghai, 중국 상하이
2008 Lecture, Department of Architecture, 경기대학교
2008 Workshop, Part of Architecture Design, GS건설
2008 Conference, 환경 디자인, 송파구청
2007 Lecture, Department of Design, 한세대학교
2007 Workshop, House, 서울 봉은초등학교
2007 Seminar, 현대백화점 문화센터
2006 Lecture, Department of Interior Architecture, 동명대학교
2006 Workshop, Department of Architecture, 서울시립대학교
2006 Conference, 국민 고충처리 위원회
2006 Seminar, 서울 리빙디자인 페어
2005 Conference, 일본 상업디자인 협회
2004 Lecture, Department of Interior Architecture, 중부대학교

WORKS BOOK 2017–2021
상하파머스빌리지

첫 번째 찍은 날: 2021년 12월 15일

기획: 박성태
대담: 김종진
편집: 로담 A.I 이송학
디자인: 유명상
인쇄 및 제책: 인타임

발행처: 미디어버스
  출판 등록 2007년 2월 8일
  (제313-2007-36호)
  (03044) 서울특별시 종로구
  자하문로 10길 22, 201호
  070-8621-5676
  02-720-9869
  mediabus@gmail.com
  www.mediabus.org

ISBN 979-11-90434-24-9 (93600)
값 27,000원

별도표기 이외의 글, 사진: ⓒ김영옥